Elemente der Mathematik

EdM

Klassenarbeitstrainer

Nordrhein-Westfalen 7

Herausgegeben von
Friedrich Suhr
Werner Ladenthin
Matthias Lösche

Elemente der Mathematik
EdM
Klassenarbeitstrainer
Nordrhein-Westfalen **7**

Herausgegeben von

Friedrich Suhr, Werner Ladenthin, Matthias Lösche

Bearbeitet von

Marco Bräuer, Martin Brüning, Kristin Deutsch, Stefan Möllenberg, Dr. Holger Reeker, Ellen Voigt

unter Mitarbeit von Rachid El Araari, Ines Heidemann, Günter Kämpfert, Dr. Gudrun Kopka, Verena Schäffer und Dirk Schulze

Bildquellen:

Umschlag: Mauritius Images, Mittenwald (Danita Delimont)

Es war nicht in allen Fällen möglich, die Inhaber der Bildrechte ausfindig zu machen und um Abdruck-
genehmigung zu bitten.
Berechtigte Ansprüche werden selbstverständlich im Rahmen der üblichen Konditionen abgegolten.

westermann GRUPPE

© 2016 Bildungshaus Schulbuchverlage
Westermann Schroedel Diesterweg Schöningh Winklers GmbH, Braunschweig
www.schroedel.de

Druck A^3 / Jahr 2018
Alle Drucke der Serie A sind im Unterricht parallel verwendbar.

Redaktion: Stefan Giertzsch, Werder (Havel)
Illustrationen: Hans-Jürgen Feldhaus, Münster
Zeichnungen: Langner & Partner, Hemmingen und Michael Wojczak, Braunschweig
Umschlaggestaltung: LIO Design GmbH, Braunschweig und Sandra Grünberg, Braunschweig
Innenlayout: JANSSEN KAHLERT Design & Kommunikation GmbH, Hannover und Sandra Grünberg, Braunschweig
Satz: imprint, Zusmarshausen
Druck und Bindung: westermann druck GmbH, Braunschweig

ISBN 978-3-507-**23087**-3

Inhaltsverzeichnis

Liebe Schülerin, lieber Schüler,

vor dir liegt der passende Klassenarbeitstrainer zu deinem Mathematik-Schulbuch EdM.

Auf den ersten Seiten bekommst du **Tipps zur Vorbereitung einer Klassenarbeit:**
- Tipps zum Unterricht und zum Umgang mit Hausaufgaben
- Tipps zum Arbeiten mit einem Lernplan
- Tipps zu Lerntechniken
- Tipps zum Lösen von Sachaufgaben

Außerdem findest du hier einen **Klassenarbeitsplaner**, in den du eintragen kannst, wann du die nächste Klassenarbeit schreibst und was du bis dahin noch üben willst.

Die erfolgreiche Vorbereitung auf eine Klassenarbeit besteht aus drei Schritten:
Verstehen – Üben – Können.
Entsprechend ist dieser Klassenarbeitstrainer aufgebaut: Zum Verstehen und Üben gibt es die blauen Seiten; danach kannst du dein Können testen, indem du die Übungsklassenarbeiten auf den weißen Seiten bearbeitest.

Verstehen und Üben (blaue Seiten)
In den **Informationskästen** werden alle wichtigen Regeln und Begriffe mit Beispielen noch einmal erklärt.
Direkt im Anschluss findest du abwechslungsreiche **Aufgaben zum Üben** des Lernstoffes.
Solltest du bei der Bearbeitung einer Aufgabe einmal nicht weiter kommen, helfen dir manchmal die Tipps auf den Notizzetteln. Oder schaue noch einmal in den Informationskästen nach.

Übungs-Klassenarbeiten (weiße Seiten)
Wenn du genug geübt hast und dich sicher fühlst, dann kannst du als Test eine **Übungs-Klassenarbeit** schreiben. Oben auf jeder Klassenarbeit sind die Themen angegeben, die in dieser Klassenarbeit behandelt werden. Außerdem ist dort eine Zeitangabe, in welcher Zeit die Klassenarbeit bearbeitet werden soll. Achte darauf, dass du diese Zeit einhältst, denn nur so kannst du dich wirklich testen.
Fast alle Übungs-Klassenarbeiten enthalten auch eine Aufgabe zur Wiederholung mit Stoff aus dem vorigen Kapitel. Bei jeder Aufgabe ist ihre Punktzahl angegeben. Anhand der Lösungen kannst du ermitteln, wie viele Punkte du erreicht hast und was du noch üben musst.
Die meisten Aufgaben kannst du direkt im Klassenarbeitstrainer lösen. Solltest du aber einmal nicht genug Platz finden, dann nimm einfach dein Heft zur Hand.

Lösungsteil
Hinten im Klassenarbeitstrainer findest du die **Lösungen** zu allen Übungsaufgaben und Übungsklassenarbeiten. Du kannst deine bearbeiteten Aufgaben und Klassenarbeiten eigenständig kontrollieren oder jemand anderen bitten es zu tun. Anhand der Smileys ☺ ☺ ☹ kannst du deinen Erfolg messen und erkennen, wie viel du noch üben musst.
Solltest du eine Klassenarbeit nicht vollständig lösen können, so findest du im Lösungsteil eine Tabelle *Zum Nacharbeiten*, in der angegeben ist, auf welchen Seiten im Schulbuch du die entsprechenden Inhalte noch einmal wiederholen kannst.

Wir wünschen dir viel Erfolg und Freude beim Üben für die nächste Klassenarbeit!

Lern-Hilfen zur Vorbereitung auf die Klassenarbeit

Lern-Tipps

1. Tipps zum Unterricht

- Gehe (nicht nur am Tag der Klassenarbeit) ausgeschlafen und mit einem guten Frühstück zur Schule. Dann kannst du dich im Unterricht besser konzentrieren.

- Bereite die notwendigen Materialien zu Hause vor: Bleistift spitzen, leere Füllerpatronen ersetzen, neues Heft einpacken.

- Verfolge den Unterricht aufmerksam und stelle Fragen. Notiere Fragen, die zu Hause auftauchen, in dein Heft.

- Führe dein Heft sauber und übersichtlich wie im Beispiel rechts zu sehen (Überschrift, Datum, Wichtiges hervorheben, Buchseite und Nummer der Aufgabe).

- Lerne Fachbegriffe und ihre Bedeutung auswendig. (Nicht nur im Englischunterricht muss man Vokabeln lernen.)

- Regelmäßige Kopfrechenübungen erhöhen das Rechentempo. Vielleicht kann dir jemand beim Üben helfen.

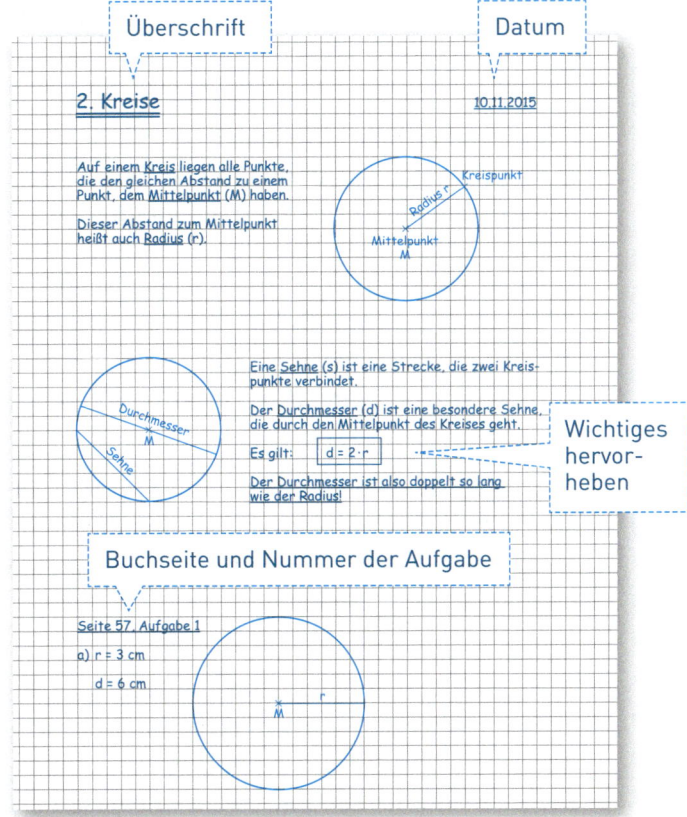

- Hole Inhalte, die du wegen Krankheit versäumt hast, möglichst bald und gründlich nach.

2. Tipps zum Umgang mit Hausaufgaben

- Notiere dir die gestellten Hausaufgaben in der Schule immer sofort in dein Hausaufgabenheft.

- Schiebe das Erledigen von Hausaufgaben nicht auf. Erstelle dir zu den Hausaufgaben aller Fächer einen Zeitplan.

- Lies dir vor der Bearbeitung der Hausaufgabe den Stoff der letzten Stunde im Heft nochmal durch. Auch die zugehörige Seite im Buch kann dir bei der Erledigung der Hausaufgabe helfen.

- Gib bei Schwierigkeiten nicht gleich auf. Auch Ansätze und Ideen helfen weiter und sollten unbedingt aufgeschrieben werden.

- Hab keine Angst vor Fehlern. Sie können dir sogar helfen, den Stoff letztendlich noch besser zu verstehen.

- Besprich Schwierigkeiten, die du hast, mit Mitschülern und Freunden. Wenn ihr die Schwierigkeiten nicht gemeinsam klären könnt, fragt euren Lehrer oder eure Lehrerin.

- Korrigiere fehlerhafte Hausaufgaben nach der Besprechung im Unterricht zu Hause. Korrigierte Hausaufgaben helfen dir beim Lernen für die nächste Klassenarbeit.

3. Tipps zur Vorbereitung auf die Klassenarbeit

Die Vorbereitung auf die nächste Klassenarbeit beginnt **in der ersten Stunde nach der letzten Klassenarbeit**. Hier werden nämlich wichtige Fehler besprochen, die du in Zukunft vermeiden kannst.
Der aktuell behandelte Mathematik-Stoff ist sicher ein Thema für die nächste Klassenarbeit. Wenn du gleich gut mitarbeitest, ist das eine gute Grundlage für die nächste Klassenarbeit.

Rechtzeitig **vor der Klassenarbeit** (d. h. etwa 1 bis 2 Wochen vorher) solltest du konkrete Vorbereitungen treffen und wichtige Lernstrategien beachten:

- **Ordentlicher Schreibtisch:**
  Du kannst z. B. den Schreibtisch zu Beginn ganz leer räumen und die Dinge dann an ihren aufgeräumten Platz legen. Brauchst du wirklich alles auf dem Schreibtisch? Sortiere überflüssige Dinge aus. Suche dir die zum Lernen notwendigen Unterlagen zusammen: Heft, Buch, KA-Trainer, kariertes Papier, Stifte, Geodreieck.

- **Zeitplan:**
  Am besten baust du feste Zeiten fürs Lernen in deinen Stundenplan ein. Möchtest du lieber allein arbeiten oder einen Freund oder eine Freundin dabei haben? Brauchst du vielleicht Hilfe? Sorge dafür, dass du ungestört lernen kannst. Am besten schaltest du dein Handy und deinen Computer in dieser Zeit aus.

- **Entspannung:**
  Bewegung fördert das Lernen. Du könntest dir Lerninhalte z. B. bei einem Spaziergang aufsagen oder einfach zwischendurch eine Runde Sport treiben. Plane Entspannungsphasen ganz bewusst ein. Denke dir für die Zeit nach einer intensiven Lernphase eine kleine Belohnung aus. Dann lernst du in Vorfreude auf die Belohnung mit einem positiven Gefühl - das hilft!

- **Einteilen des Lernstoffs:**
  Beginne mit den Grundlagen, mit dem Leichteren. Diesen Stoff findest du meist am Anfang des Themas auf den blauen Seiten im Heft und auf den ersten Seiten des Themas im Schulbuch.
  Gehe die Aufzeichnungen in deinem Heft durch. Markiere Wichtiges (Textmarker) oder schreibe es heraus. Lies dir im Buch oder im Klassenarbeitstrainer die Informationskästen und die Beispiele mit den Lösungen aufmerksam durch.
  Stelle den Lernstoff in einer übersichtlichen Form zusammen. Wo kannst du an bekanntes Wissen anknüpfen?

- **Lerntechniken:**
  Erprobe verschiedene Methoden: Spickzettel schreiben (für die Zeit vor der Klassenarbeit!), Lernplakate, Karteikarten mit dem Grundwissen oder mit Regeln. Finde die zu dir passende Methode.
  Häufig ist es hilfreich, die Lerninhalte in einer anderen Form darzustellen: Kannst du zu einem Inhalt eine Zeichnung anfertigen? Hilft dir eine Tabelle oder eine Stichwortliste? Vielleicht kannst du dir den Inhalt mit einem Diagramm besser merken.

- **Hausaufgaben:**
  Bearbeite noch einmal die alten Hausaufgaben. Löse die Aufgabe erst allein und vergleiche dann die Ergebnisse.

- **Übungsaufgaben:**
  Bearbeite die passenden **Übungsaufgaben** in deinem Klassenarbeitstrainer (auf den blauen Seiten). Hierzu findest du sämtliche Lösungen hinten im Heft. Löse die komplexen Aufgaben erst, wenn du die Grundlagen beherrschst.
  Nutze außerdem die Seite „Bist du fit?" in deinem Schulbuch. Dazu gibt es hinten im Buch auch die Lösungen. Auf den Seiten „Das Wichtigste auf einen Blick" im Schulbuch sind die Inhalte des Kapitels noch einmal kurz zusammengefasst.
  Aufgaben in Prüfungsform (also die **Übungs-Klassenarbeiten** aus deinem Klassenarbeitstrainer) gehören in die **letzte Phase der Vorbereitung**. Hierbei solltest du mit einer Uhr die Zeit kontrollieren. Achte darauf, dass du die gesamte Klassenarbeit in einem Stück bearbeitest – nur so kannst du dich in einer prüfungsähnlichen Situation testen.
  Auf den Seiten 9/10 findest du einen Klassenarbeitsplaner, der dir bei der Vorbereitung dieser Übungsphase helfen kann.

Am Tag vor der Klassenarbeit:
Heute solltest du nichts Neues mehr lernen. Wiederhole nur Bekanntes und sorge dafür, dass du rechtzeitig ins Bett gehst. Nur wenn du ausgeschlafen bist, bist du zu 100 % leistungsfähig.

4. Tipps zum Arbeiten mit einem Lernplan

Du kannst dir die Vorbereitung der Klassenarbeit in mehrere Zeitabschnitte einteilen. Erstelle dir einen Lernplan.
Ein vernünftiger Lernplan reduziert die Prüfungsangst und den Stress in der Vorbereitungszeit.

Hier ist ein möglicher Vorschlag, wie ein Lernplan aussehen könnte. Erstelle aber lieber deine eigene Version, die noch besser zu dir passt.

Tag/Datum	Zeit	Was lerne ich?/Was bereite ich vor?	erledigt
Mi, 23.10.	15:00	Schreibtisch aufräumen und Plan für die Wiederholungen aufstellen	
Do, 24.10.	16:00	Heft durchgehen, Wichtiges markieren, Thema im Buch durchlesen, Fragen notieren	
Fr, 25.10.	15:00	Alte Hausaufgaben zum Thema bearbeiten	
Sa, 26.10.	13:00	Hausaufgaben mit Fehlern erneut bearbeiten, Aufgaben aus dem Abschnitt „Verstehen und Üben" (Klassenarbeitstrainer) bearbeiten	
...	...	...	
Mo, 28.10.	15:00	Übungs-Klassenarbeit (Klassenarbeitstrainer)	

5. Mathematische Tipps

Die folgenden Tipps sollen dir dabei helfen Rechenfehler zu vermeiden und Strategien aufzeigen, mit denen du Sachaufgaben erfolgreich bearbeiten kannst.

- **Rechenaufgaben:**

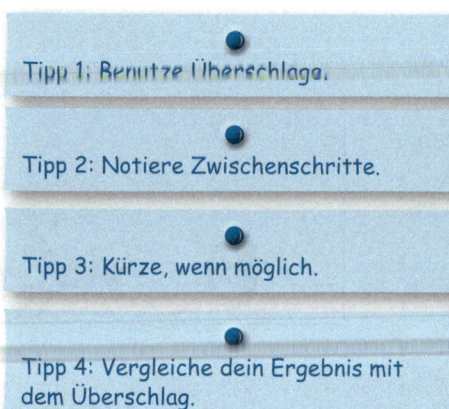

Tipp 1: Benutze Überschlag.

Tipp 2: Notiere Zwischenschritte.

Tipp 3: Kürze, wenn möglich.

Tipp 4: Vergleiche dein Ergebnis mit dem Überschlag.

Beispiel: $\frac{36}{5} : \frac{16}{15}$

Überschlag: $7 : 1 = 7$

Rechnung: $\frac{36}{5} : \frac{16}{15} = \frac{36}{5} \cdot \frac{15}{16}$

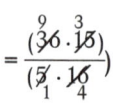

$$= \frac{(\overset{9}{36} \cdot \overset{3}{15})}{(\underset{1}{5} \cdot \underset{4}{16})}$$

$$= \frac{27}{4} = 6\frac{3}{4}$$

$36 : 6 \approx 7$
$16 : 15 \approx 1$
Überschlag: $7 : 1 = 7$

Der Überschlag bestätigt, dass das Ergebnis richtig ist.

- **Sachaufgaben:**

Tipp 5:
Lies die Aufgabe sehr genau durch. Lies sie noch einmal, wenn du nicht weiter kommst.

Tipp 6: Skizziere den Sachverhalt.

Tipp 7:
Stelle Terme zur Berechnung auf. Bestimme die gesuchten Größen.

Tipp 8:
Prüfe deine Lösung am Sachverhalt. Formuliere einen Antwortsatz.

Beispiel: Saftmischung

Sarah mischt für ihre Geburtstagsparty einen Fruchtsaftcocktail aus $1{,}5\,\ell$ Orangen-, $0{,}75\,\ell$ Kirsch-, $\frac{1}{2}\,\ell$ Bananen- und $1\frac{1}{4}\,\ell$ Ananassaft und verteilt ihn gerecht an sich und ihre Gäste.
Jedes Kind erhält einen halben Liter des Cocktails.
Bestimme, wie viele Kinder zur Party gekommen sind.

Wir addieren die Saftvolumina, da sie gemischt werden:
$1{,}5\,\ell + 0{,}75\,\ell + 1\frac{1}{4}\,\ell + \frac{1}{2}\,\ell$
$= 1{,}5\,\ell + 0{,}75\,\ell + 1{,}25\,\ell + 0{,}5\,\ell$
$= 1{,}5\,\ell + 0{,}5\,\ell + 1{,}25\,\ell + 0{,}75\,\ell + = 4\,\ell$
Dividieren des Saftvolumens durch die Anzahl der Kinder ergibt das Volumen in jedem Glas (gerechtes Verteilen):
$4\,\ell : \boxed{} = 0{,}5\,\ell$ also $\boxed{} = 4\,\ell : 0{,}5\,\ell = 40 : 5 = 8$
Sarah hat den Cocktail auf acht Gläser verteilt. Da sie selbst auch ein Glas trinkt, sind 7 Kinder zur Party gekommen.

Klassenarbeitsplaner

Klassenarbeit am _____							
Übungs-Klassen-arbeit	Bearbeiten bis	Erledigt am	Ergebnis ☺	☺	☹	Folgende Seiten im Schulbuch wiederholen	Bearbeiten bis	Erledigt am
1.1								
1.2								
1.3								

Klassenarbeit am _____							
Übungs-Klassen-arbeit	Bearbeiten bis	Erledigt am	Ergebnis ☺	☺	☹	Folgende Seiten im Schulbuch wiederholen	Bearbeiten bis	Erledigt am
2.1								
2.2								

Klassenarbeit am _____							
Übungs-Klassen-arbeit	Bearbeiten bis	Erledigt am	Ergebnis ☺	☺	☹	Folgende Seiten im Schulbuch wiederholen	Bearbeiten bis	Erledigt am
3.1								
3.2								

Klassenarbeit am _____							
Übungs-Klassen-arbeit	Bearbeiten bis	Erledigt am	Ergebnis ☺	☺	☹	Folgende Seiten im Schulbuch wiederholen	Bearbeiten bis	Erledigt am
4.1								
4.2								
4.3								

Klassenarbeit am _____

Übungs-Klassen-arbeit	Bearbeiten bis	Erledigt am	Ergebnis			Folgende Seiten im Schulbuch wiederholen	Bearbeiten bis	Erledigt am
			☺	☺	☹			
5.1								
5.2								
5.3								

Klassenarbeit am _____

Übungs-Klassen-arbeit	Bearbeiten bis	Erledigt am	Ergebnis			Folgende Seiten im Schulbuch wiederholen	Bearbeiten bis	Erledigt am
			☺	☺	☹			
6.1								
6.2								
6.3								

Klassenarbeit am _____

Übungs-Klassen-arbeit	Bearbeiten bis	Erledigt am	Ergebnis			Folgende Seiten im Schulbuch wiederholen	Bearbeiten bis	Erledigt am
			☺	☺	☹			
7.1								
7.2								
7.3								

1. Zuordnungen

Zum Aufwärmen: Verstehen und Üben

Zuordnungen und ihre Darstellung

Information

Es kommt im Alltag häufig vor, dass zwei Größen voneinander abhängen. Solche Abhängigkeiten können häufig beschrieben werden, indem man den Werten der *Ausgangsgröße* die Werte der anderen *Größe zuordnet.*
Ausgangsgröße → zugeordnete Größe

Beispiel: Die Höhe der Parkgebühr y ist meist abhängig von der Parkzeit x. Man kann einer Parkzeit x die zugehörige Parkgebühr y zuordnen. Wenn sich die Parkzeit x verändert, verändert sich auch die Parkgebühr y.
Parkzeit x → Parkgebühr y

Weitere Beispiele:
Anzahl der Hefte → Preis der Hefte
Menge an Wasserzufluss → Zeit der Befüllung

1. Entscheide, ob die folgenden vier Aussagen wahr oder falsch sind und berichtige die falschen Aussagen.

Aussage	wahr	falsch
(1) Je mehr Fahrgäste im Bus sitzen, desto schneller fährt der Bus.		
(2) Je schneller ein Auto fährt, desto kürzer ist sein Bremsweg.		
(3) Je weniger Helfer da sind, desto länger dauert der Umzug.		
(4) Je weniger Geld auf dem Sparbuch ist, desto weniger Zinsen gibt es.		

Berichtigung der falschen Aussagen:

....

....

....

....

Information

Die gemessenen oder berechneten Werte einer Zuordnung kann man mithilfe einer **Zuordnungstabelle** darstellen. In der linken Spalte stehen die Werte der Ausgangsgröße x und in der rechten Spalte stehen die Werte der zugeordneten Größe y.

Beispiel: Eine Schubkarre ist 15 kg schwer und wird mit Pflastersteinen beladen, die jeweils 3 kg wiegen.

Anzahl x der Pflastersteine → Gesamtgewicht y der Schubkarre

Anzahl x der Pflastersteine	Gesamtgewicht y der Karre (in kg)
0	15
1	18
2	21
3	24

Tipp: Wenn man die **Einheiten** der Größen in der Spaltenüberschrift notiert, braucht man sie in den Tabelleneintragungen nicht zu wiederholen.

2. In Deutschland werden Temperaturen in der Einheit °C (Grad Celsius) gemessen und beschrieben. In einigen anderen Ländern, zum Beispiel in den USA, wird eine andere Einheit verwendet, nämlich °F

2. In Deutschland werden Temperaturen in der Einheit °C (Grad Celsius) gemessen und beschrieben. In einigen anderen Ländern, zum Beispiel in den USA, wird eine andere Einheit verwendet, nämlich °F (Grad Fahrenheit). Durch folgende Formel kann man von der Einheit °C in die Einheit °F umrechnen:
Temperatur in °F = (Temperatur in °C) · 1,8 + 32
Lege eine Zuordnungstabelle für die Zuordnung *Temperatur in °C → Temperatur in °F* an.

Temperatur (in °C)	Temperatur (in °F)
0	
10	
20	
30	
40	
50	
100	

$0 \cdot 1{,}8 + 32 =$ ....

$10 \cdot 1{,}8 + 32 =$ ....

$20 \cdot 1{,}8 + 32 =$ ....

$30 \cdot 1{,}8 + 32 =$ ....

$40 \cdot 1{,}8 + 32 =$ ....

$50 \cdot 1{,}8 + 32 =$ ....

$100 \cdot 1{,}8 + 32 =$ ....

Information

Eine Zuordnung kann man in Form eines **Graphen** darstellen. Dabei wird die Ausgangsgröße x auf die waagerechte Rechtsachse (x-Achse) eines Koordinatensystems aufgetragen und die zugeordnete Größe auf die senkrechte Hochachse (y-Achse).
Die beiden Achsen können mit der gleichen **Einteilung** versehen werden. Es ist aber auch erlaubt und oft sinnvoll, die Achsen mit unterschiedlichen Skalen zu versehen.
Die Zahlenpaare der Zuordnung werden als **Punkte** (Kreuze) eingetragen. Wenn es zwischen den Zahlenpaaren der Tabelle **Zwischenwerte** (also mögliche weitere Zahlenpaare) gibt, ist es sinnvoll die Punkte miteinander zu **verbinden**.
Wenn es bei einer Zuordnung keine solchen Zwischenwerte gibt, ist es oft geschickter, ein **Säulendiagramm** zu zeichnen, anstatt die Punkte zu verbinden.

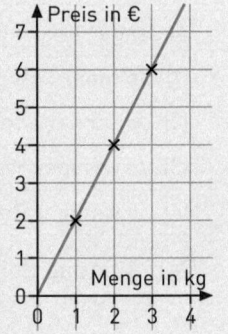

3. Vervollständige die Sätze, indem du dem Graphen die gesuchten Informationen entnimmst.

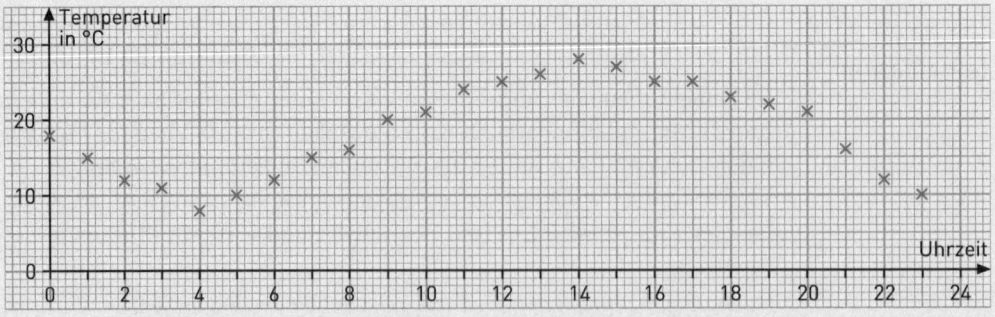

(1) Um 3 Uhr morgens betrug die Temperatur ....

(2) Die niedrigste Temperatur herrschte um ...., nämlich ....

(3) Zwischen 1 Uhr und 2 Uhr sank die Temperatur um ....

(4) 24 °C herrschten um ....

(5) Zwischen 8 Uhr und 11 Uhr stieg die Temperatur um ....

(6) 12 °C herrschten um ...., um .... und um ....

4. Zeichne den Graphen der Zuordnung mithilfe der
Wertetabelle einmal in das linke und einmal in das
rechte Koordinatensystem.
Ist es sinnvoll, die Punkte miteinander zu verbinden?
Was fällt dir auf, wenn du die beiden Graphen miteinander vergleichst?

Gewicht (in g)	Preis (in €)
10	22
20	44
30	66
40	88
50	110

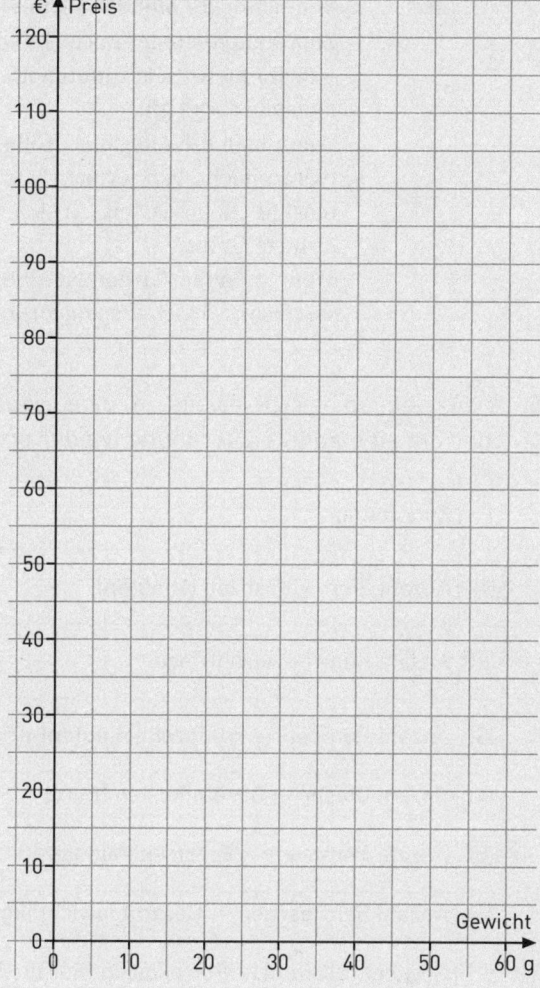

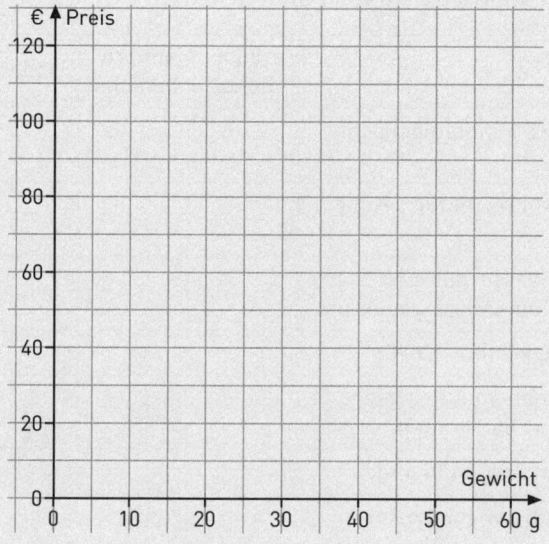

....

....

....

....

Proportionale und antiproportionale Zuordnungen

Information

Proportionale Zuordnungen sind besondere „**Je mehr – desto mehr**"-Zuordnungen
(oder auch „**Je weniger – desto weniger**"-Zuordnung), bei denen folgende Regel gilt:
Wenn man die Ausgangsgröße verdoppelt (verdreifacht, vervierfacht, ...), dann verdoppelt
(verdreifacht, vervierfacht, ...) sich auch die zugeordnete Größe.
Wenn man die Ausgangsgröße halbiert (drittelt, viertelt, ...), dann halbiert (drittelt, viertelt, ...)
sich auch die zugeordnete Größe.

Beispiel: „Brötchenkauf"

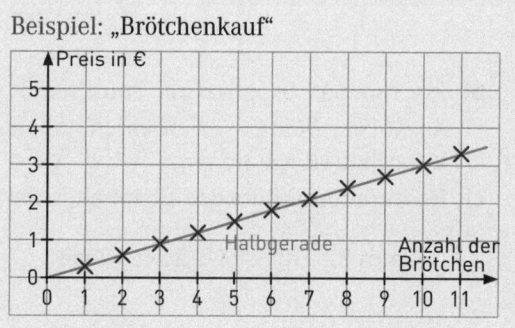

Information

Antiproportionale Zuordnungen sind besondere „**Je mehr – desto weniger**"-Zuordnungen (oder auch „**Je weniger – desto mehr**"-Zuordnungen), bei denen folgende Regel gilt:
Wenn man die Ausgangsgröße verdoppelt (verdreifacht, vervierfacht, ...), dann halbiert (drittelt, viertelt,) sich die zugeordnete Größe.
Wenn man die Ausgangsgröße halbiert (drittelt, viertelt, ...), dann verdoppelt (verdreifacht, vervierfacht, ...) sich die zugeordnete Größe.

Beispiel: „Heuvorrat"

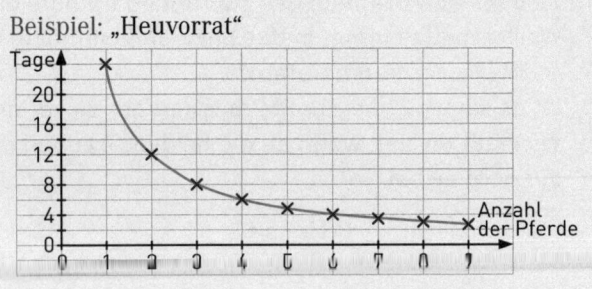

5. Kreuze an, ob es sich jeweils um eine proportionale Zuordnung, um eine antiproportionale Zuordnung oder um eine andere Zuordnung (weder proportional noch antiproportional) handelt.

	Zuordnung	Beispiel	propor-tional	antipro-portional	andere
(1)	Anzahl Eier → Kochzeit (Minuten)	5 Eier müssen 5 Minuten gekocht werden.			
(2)	Anzahl Kühe → Anzahl Tage	Der Futtervorrat reicht für 5 Kühe noch 70 Tage.			
(3)	Anzahl Pumpen → Pumpzeit (Minuten)	Mithilfe von 6 Wasserpumpen ist der Keller in 60 Minuten leer gepumpt.			
(4)	Anzahl Gläser → Gesamtkosten (Euro)	6 Gläser Honig kosten 21,90 €.			
(5)	Anzahl Personen → Fahrtzeit (Minuten)	Wenn 4 Personen im Auto sitzen, dauert die Fahrt 80 Minuten.			
(6)	Anzahl Saftflaschen → Gesamtgewicht (kg)	12 Saftflaschen wiegen 14,4 kg.			
(7)	Gewicht (Gramm) → Portokosten (Euro)	Ein Brief, der 10 g wiegt, kostet 0,70 € Porto.			

6. Fünf Blätter DIN-A5-Papier wiegen 15 Gramm.
   a) Ergänze die fehlenden Werte in der Tabelle.

Anzahl der DIN-A5-Blätter	Gewicht (in g)
1	
4	
5	15
7	

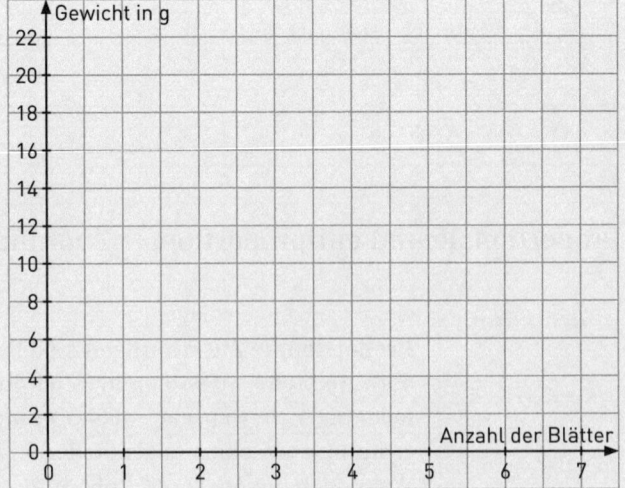

   b) Zeichne den Graphen der Zuordnung *Anzahl der Blätter → Gewicht* in nebenstehendes Koordinatensystem ein.
   c) Bestimme mithilfe des Graphen, wie viel

   Gramm 5,5 DIN-A5-Blätter wiegen. ....

7. Der Müll auf dem Pausenhof wird von 2 Schülern in 12 Minuten aufgesammelt.

a) Ergänze die fehlenden Werte in der Tabelle.

Anzahl der Schüler	Zeit (in min)
1	
2	12
4	
8	

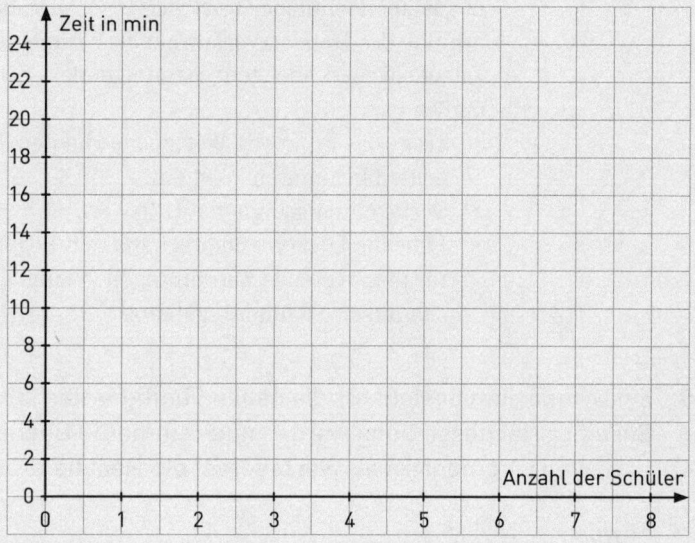

b) Zeichne den Graphen der Zuordnung
Anzahl der Schüler → Zeit in nebenstehendes Koordinatensystem ein.

c) Bestimme mithilfe des Graphen, wie viel Minuten 7 Schüler benötigen würden. ....

Dreisatz bei proportionalen Zuordnungen

Information

Bei einer proportionalen Zuordnung lassen sich unbekannte Werte mit einem **Dreisatz** berechnen. Wenn man z. B. weiß, dass 4 Brötchen 1,20 € kosten, dann kann man mit dieser Angabe in „drei Sätzen" ausrechnen, wie viel Euro 7 Brötchen kosten:
Erster Satz: „4 Brötchen kosten 1,20 €." (Angegebener Preis)
Zweiter Satz: „1 Brötchen kostet 0,30 €." (Preis für ein Brötchen)
Dritter Satz: „7 Brötchen kosten 2,10 €." (Gesuchter Preis)

Beachte: Ist die Zuordnung nicht proportional, so kann man die Aufgabe auch nicht mit einem Dreisatz lösen!

8. In 34 Tagen wurden 544 m eines Autobahntunnels gebohrt. In 46 Tagen soll der Durchbruch geschafft sein. Wie viel Meter wird der fertige Tunnel lang sein? Die Zuordnung *Arbeitstage → Tunnellänge* ist proportional. Löse mit einem Dreisatz.

Erster Satz: ....

Zweiter Satz: ....

Dritter Satz: ....

Information

Dreisatzverfahren in tabellarischer Form

Etwas übersichtlicher lässt sich eine Aufgabe mithilfe des Dreisatzverfahrens in Form einer Tabelle lösen. Dabei geht man folgendermaßen vor:

- Trage das gegebene Wertepaar und den dritten bekannten Wert ein.
- Suche einen geeigneten Hilfswert.
- Fülle die Lücken entsprechend den Regeln für proportionale Zuordnungen (Vielfachenregel, Summenregel) aus.

Darstellung in einer Tabelle:

Anzahl der Brötchen	Preis (in €)
4	1,20
1 als „Hilfswert"	0,30
7	2,10

:4   :4
·7   ·7

9. Ein Gymnasium bestellt für die neuen Fünftklässler 152 Mathematikbücher. Die Bestellung kostet 4028 €. Bei einer Nachbestellung werden noch einmal 18 Bücher bestellt. Die Zuordnung *Anzahl der Bücher → Kosten* ist proportional. Wie teuer ist die Nachlieferung? Berechne und fülle die Tabelle aus.

Anwort: ....

....

Anzahl der Bücher	Preis (in €)

Dreisatz bei antiproportionalen Zuordnungen

Information

Wie bei proportionalen Zuordnungen lassen sich auch bei antiproportionalen Zuordnungen unbekannte Werte mit einem Dreisatz berechnen.

Dreisatzverfahren in tabellarischer Form

- Trage das gegebene Wertepaar und den dritten bekannten Wert ein.
- Suche einen geeigneten Hilfswert.
- Fülle die Lücken entsprechend der Regel für antiproportionale Zuordnungen (Vielfachenregel) aus.

Beispiel: Heuvorrat

Wenn man weiß, dass der Heuvorrat für 6 Pferde 4 Tage reichen wird, dann kann man mit dieser Angabe ausrechnen, wie viele Tage der Vorrat für 8 Pferde ausreichen wird.

Anzahl der Pferde	Tage
6	4
1 als „Hilfswert"	24
8	3

:6   ·6
·8   :8

Beachte: Ist die Zuordnung nicht antiproportional, so kann man die Aufgabe nicht mit dem Dreisatzverfahren lösen!

10. Auf der Schultoilette soll eine Wand mit Kacheln neu gefliest werden. Der Handwerker kann zwischen Kacheln mit den Kantenlängen von 6 cm, 8 cm und 9 cm auswählen. Wenn er Kacheln mit 8 cm Kantenlänge nimmt, passen genau 432 Kacheln in eine Reihe. Die Zuordnung *Kantenlänge einer Kachel → Anzahl der Kacheln pro Reihe* ist antiproportional. Wie viele Kacheln werden bei den anderen beiden Kantenlängen benötigt? Berechne und fülle die Tabelle aus.

Anwort: ....

....

Kantenlänge 6 cm	Anzahl der Kacheln

Anwort: ....

....

....

Kantenlänge 9 cm	Anzahl der Kacheln

Quotientengleichheit bei proportionalen Zuordnungen – Proportionalitätsfaktor

Information

quotienten-
gleich

Mit Ausnahme des Wertepaares (0|0) haben bei proportionalen Zuordnungen die Quotienten einander zugeordneter Größen stets den gleichen Wert. Man nennt diesen Quotienten **Proportionalitätsfaktor** der proportionalen Zuordnung:

$$\frac{zugeordnete\ Größe}{Ausgangsgröße} = Proportionalitätsfaktor$$

Mit dieser Eigenschaft lässt sich bei einer gegebenen Zuordnungstabelle recht einfach überprüfen, ob sie zu einer **proportionalen Zuordnung** gehört oder nicht.

Kennt man den Proportionalitätsfaktor, so kann man zu jeder Ausgangsgröße sofort die zugeordnete Größe wie folgt berechnen:

$$Ausgangsgröße \xrightarrow{\cdot Proportionalitätsfaktor} zugeordnete\ Größe$$

Beispiel:

x	y	Quotient $\frac{y}{x}$
1	3	$\frac{3}{1} = 3$
2	6	$\frac{6}{2} = 3$
3	9	$\frac{9}{3} = 3$
4	12	$\frac{12}{4} = 3$
5	15	$\frac{15}{5} = 3$

Die Wertepaare in nebenstehender Tabelle sind **quotientengleich** und gehören somit zu einer **proportionalen Zuordnung**.

Der zugehörige **Proportionalitätsfaktor** ist 3.

11. Untersuche bei den folgenden Tabellen, ob die Quotienten einander zugeordneter Werte stets den gleichen Wert besitzen und entscheide, ob es sich jeweils um eine proportionale Zuordnung handelt oder nicht. Gib gegebenenfalls den zugehörigen Proportionalitätsfaktor an.

a)

x	y	Quotient
4	3	
6	4,5	
8	6	
9	6,75	

b)

x	y	Quotient
2	8,6	
3	12,9	
4	17,2	
5	21,5	

c)

x	y	Quotient
1,4	9,8	
3,2	22,4	
4,8	33,6	
5	35,5	

Produktgleichheit bei antiproportionalen Zuordnungen – Gesamtgröße

Information

> Bei antiproportionalen Zuordnungen haben die Produkte einander zugeordneter Größen stets den gleichen Wert. Man nennt diesen Wert **Gesamtgröße**. Es gilt:
>
> *Ausgangsgröße · zugeordnete Größe = Gesamtgröße*
>
> Mit dieser Eigenschaft lässt sich bei einer gegebenen Zuordnungstabelle recht einfach überprüfen, ob sie zu einer **antiproportionalen Zuordnung** gehört oder nicht.
>
> Kennt man die Gesamtgröße, so kann man zu jeder Ausgangsgröße sofort die zugeordnete
>
> Größe berechnen: *zugeordnete Größe* $= \dfrac{Gesamtgröße}{Ausgangsgröße}$
>
> Beispiel:
>
> | x | y | Produkt x·y |
> |---|---|---|
> | 1 | 36 | 1·36 = 36 |
> | 2 | 18 | 2·18 = 36 |
> | 3 | 12 | 3·12 = 36 |
> | 4 | 9 | 4·9 = 36 |
> | 5 | 7,2 | 5·7,2 = 36 |
>
> Die Wertepaare in nebenstehender Tabelle sind **produktgleich** und gehören somit zu einer **antiproportionalen Zuordnung**.
>
> Die zugehörige **Gesamtgröße** ist 36.

12. Untersuche bei den folgenden Tabellen, ob die Produkte einander zugeordneter Werte stets den gleichen Wert besitzen und entscheide, ob es sich jeweils um eine antiproportionale Zuordnung handelt oder nicht. Gib gegebenenfalls die zugehörige Gesamtgröße an.

a)

x	y	Produkt
4	9	
6	6	
8	4,5	
12	3	

b)

x	y	Produkt
3	8	
4	7	
5	6	
6	5	

c)

x	y	Produkt
0,7	15	
1,2	12,5	
2,5	6	
3	5	

13. Zum Entleeren eines Schwimmbeckens stehen 4 Pumpen zur Verfügung. Wenn alle 4 Pumpen eingesetzt werden, wird das Becken in 18 Stunden geleert. Die Zuordnung *Zahl der Pumpen → Abpumpzeit* ist antiproportional.

a) In wie viel Stunden wird das Becken von 3 Pumpen geleert?

b) Die Verwaltung möchte das Becken in nur 8 Stunden geleert haben. Wie viele Pumpen sind zusätzlich nötig?

Beginn: .... Ende: ....

Klassenarbeit 1.1

Themen: Darstellungsarten von proportionalen und antiproportionalen Zuordnungen

1. Steckbrief: proportionale Zuordnungen. Fülle die Lücken sinnvoll aus.

   Eine proportionale Zuordnung ist eine „..“-Zuordnung.

   Verdoppelt man einen Wert der Ausgangsgröße, so .... sich auch der zugehö-

   rige Wert der zugeordneten Größe. Trägt man die Wertepaare in ein Koordinatensystem ein, so erkennt

   man, dass alle Wertepaare auf einer .... liegen. Diese Gerade verläuft immer

   durch den .... Bis auf das Wertepaar (0|0) sind alle Werte-

   paare .... Das bedeutet, dass der Quotient aus $\frac{\text{zugeordneter Größe}}{\text{Ausgangsgröße}}$ stets den

   selben Wert ergibt. Diesen Wert nennt man ....

   Bei einer proportionalen Zuordnung lassen sich unbekannte Werte mit dem ....

   berechnen.

   ....
   7

2. Vervollständige aus den bereits vorhandenen Angaben die fehlenden Inhalte zu Tabelle, Vorschrift und Graph.

   a) Vorschrift: „Ein Drucker druckt in einer Minute 20 DIN-A4-Seiten.“

Zeit in min (x)	0	1	2	5	10
Anzahl gedruckter Seiten (y)					

   b) Vorschrift: ....

   ....

Anzahl an Maurern (x)	2	4	6	8	12
Gesamtarbeitszeit in h (y)	12	6	4	3	2

   c) Vorschrift: „Für 20 Plätzchen benötigt man 100 g Mehl.“

Anzahl an Plätzchen (x)	20	30	40	50	60
Menge Mehl in g (y)					

   ....
   9

3. Proportional (p), antiproportional (a) oder keins (k) von beiden?
Begründe deine Entscheidung.

	Zuordnung	p	a	k	Begründung
a)	Ein Bleistift kostet 0,80 €. Wie viel kosten 17 Bleistifte?				
b)	Für das Bestuhlen der Aula benötigt der Hausmeister 30 Minuten. Wie lange bräuchte er, wenn ihm 3 Schüler dabei helfen?				
c)	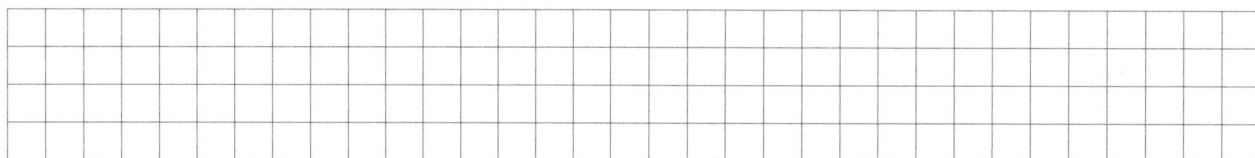				
d)					

d)
x	1	2	3	7
y	84	42	28	15

8

4. Eine Bäckerei benötigt für die Herstellung von 435 Berliner-Ballen 5 220 g Marmelade.

     a) Wie viel Gramm werden für 700 Berliner-Ballen benötigt?

     b) Im Kühlschrank der Bäckerei befinden sich noch 3 500 g Marmelade. Wie viele Berliner-Ballen lassen sich daraus noch herstellen?

8

5. Vervollständige die Dreisatztabellen für antiproportionale Zuordnungen.

     a) Aus einem Olivenölfass werden 80 Flaschen mit einem Inhalt von 0,7 l abgefüllt.
Wie viele 0,5-l-Flaschen könnten mit derselben Menge gefüllt werden?

     b) Ein Bahnradfahrer schafft eine Strecke über 10 km bei einer konstanten Geschwindigkeit von $32 \frac{km}{h}$ in 18,75 Minuten. Wie viel Minuten benötigt er für dieselbe Distanz, wenn er $40 \frac{km}{h}$ schnell fährt?

Volumen in l	Anzahl

Geschwindigkeit	Minuten

8

40   **Gesamtpunktzahl**

40 – 30 Punkte	29 – 20 Punkte	19 – 0 Punkte
☺	😐	☹

Klassenarbeit 1.2

Themen: Vielfachenregel und Dreisatzverfahren bei proportionalen Zordnungen

1. Steckbrief: antiproportionale Zuordnung. Fülle die Lücken sinnvoll aus.

   Eine antiproproportionale Zuordnung ist eine „.."-Zuordnung.

   Verdoppelt man einen Wert der Ausgangsgröße, so .... sich der zugehörige Wert

   der zugeordneten Größe. Trägt man die Wertepaare in ein Koordinatensystem ein, so erkennt man, dass

   alle Wertepaare auf einer .... liegen.

   Die Hyperbel trifft keine der beiden ....

   Alle Wertepaare sind .... Das bedeutet, dass das Produkt aus

   Ausgangsgröße · zugeordneter Größe stets den selben Wert ergibt.

   Diesen Wert nennt man .... Auch bei einer antiproportiona-

   len Zuordnung lassen sich unbekannte Werte mit dem .... berechnen.

   7

2. Jasper, Oskar und David wohnen in derselben Straße und besuchen alle dieselbe Schule. Auch die Schule befindet sich in dieser Straße, sie liegt ganz am Ende. Jeden Morgen gehen sie zu Fuß zur Schule. Der Unterricht beginnt immer pünktlich um 8:00 Uhr.
   Das nebenstehende Diagramm zeigt, wo sich die drei Schüler gestern zu den jeweiligen Zeiten befunden haben.
   Untersuche an den Graphen, ob folgende Aussagen stimmen.
   Begründe deine Entscheidung.

	Aussage	w	f	Begründung
a)	Jasper wohnt am weitesten von der Schule entfernt.			
b)	Man kann erkennen, dass alle drei auf einem Berg wohnen.			
c)	Zusammen mit Jasper geht David langsamer als alleine.			
d)	Jasper ist noch nicht fertig, als David bei ihm klingelt.			
e)	Alle drei Schüler gehen gleichzeitig los.			
f)	Jasper kommt 3 min zu spät zum Unterricht.			

12

3. a) Ergänze die Tabelle so, dass eine proportionale Zuordnung vorliegt.

Anzahl	3	6	7	16	20
Preis in €	9				

b) Ergänze die Tabelle so, dass eine antiproportionale Zuordnung vorliegt.

Helfer	6	8	9	10	16
Arbeitszeit in h				2,4	

8

4. In einer Gemeinschaftspraxis werden je Patient 15 Minuten für die Untersuchung veranschlagt. Unter dieser Voraussetzung können an einem Vormittag 18 Anmeldungen angenommen werden.

a) Der Verwaltungschef gibt die Anweisung, dass in Zukunft pro Untersuchung eines Patienten nur noch durchschnittlich 10 Minuten zu Verfügung stehen dürfen. Wie viele Anmeldungen können dann für einen Vormittag eingeplant werden?

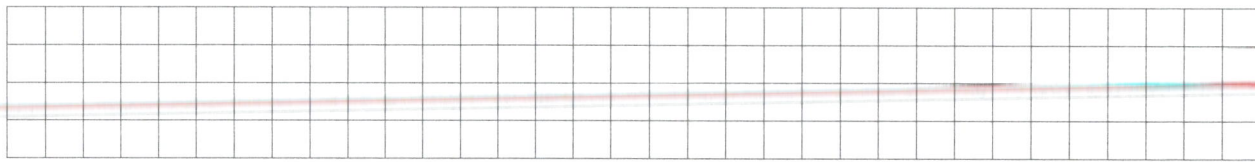

b) Während einer Windpockenepidemie wurden an einem Vormittag 36 Patienten behandelt. Wie viel Zeit stand den Ärzten hier für die Behandlung im Durchschnitt zur Verfügung?

8

5. Bei einer physikalischen Messreihe wurden folgende Werte ermittelt.

x	10	30	50	60	90	100
y	7	21	35	42	63	70

a) Zeige, dass es sich hierbei um eine proportionale Zuordnung handelt. Bestimme den Proportionalitätsfaktor sowie die Formel der Zuordnung.

b) Stelle den Sachverhalt in untenstehendem Koordinatensystem grafisch dar.

c) Ein Mitarbeiter behauptet: „Man erhält z.B. den y-Wert zum x-Wert 100, indem man einfach die den x-Werten 30 und 70 entsprechenden y-Werte addiert, da 100 = 30 + 70 gilt." Hat er recht? Rechne nach und begründe.

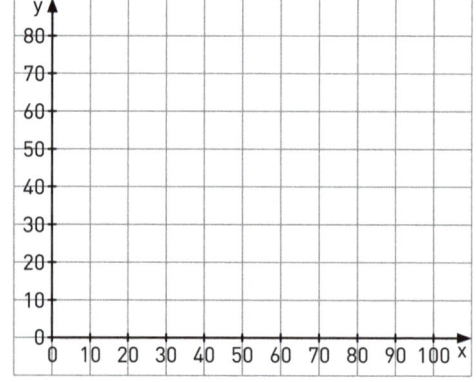

8

43 **Gesamtpunktzahl**

43 – 32 Punkte	31 – 21,5 Punkte	21 – 0 Punkte
☺	😐	☹

Beginn: ....   Ende: ....

Klassenarbeit 1.3

Themen: Zuordnungen und Dreisatzverfahren im Anwendungskontext

1. Steckbrief: Zuordnungen. Fülle die Lücken sinnvoll aus!

„Zuordnungen sind überall". So besitzt zum Beispiel jedes für den Straßenverkehr zugelassene Auto ein

eindeutiges .... Allgemein ordnet eine Zuordnung jedem Wert

einer .... einen bestimmten Wert einer zugeordneten Größe

zu. Zuordnungen können auf unterschiedliche Arten dargestellt werden: als Vorschrift, als Tabelle, als

.... und als Formel. Das Bild einer Zuordnung nennt man Graph: Dabei entspricht

jedem Paar einander zugeordneter Werte ein .... im Koordinatensystem.

Der Graph einer Zuordnung kann dabei eine .... sein oder nur aus einzel-

nen Punkten bestehen, je nachdem ob mögliche Zwischenwerte sinnvoll sind. Sind alle Wertepaare einer
Zuordnung

...., so spricht man von einer proportionalen Zuordnung.

Bei antiproportionalen Zuordnungen sind alle Wertepaare ....

Mithilfe einer .... lassen sich die Werte der zugeordneten

Größe aus den Werten der Ausgangsgröße schnell berechnen.

....
8

2. Die folgenden vier Graphen stellen die Zuordnung *Zeit → Füllhöhe* für die unten abgebildeten Vasen dar,
wenn sie durch einen gleichmäßigen Zustrom gefüllt werden. Alle Vasen haben dieselbe Höhe.

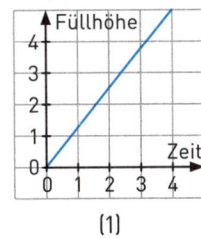
(1)
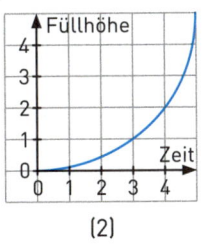
(2)
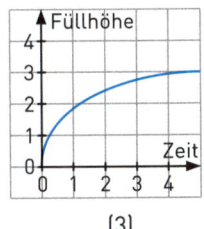
(3)
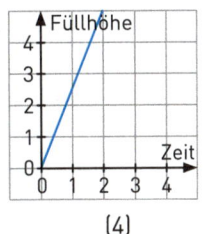
(4)
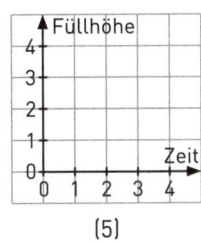
(5)

a) Welcher Graph gehört zu welchem Gefäß? Fülle die Tabelle aus und begründe!

b) Zu einem Gefäß ist kein Graph gezeichnet. Skizziere den Verlauf des zugehörigen Graphen in das
Koordinatensystem (5).

Vasen	Graph	Begründung

....
10

3. Vervollständige die Dreisatztabellen für proportionale Zuordnungen.

a) In einem Handytarif kostet eine Gesprächs-minute 12 Cent. Wie lange kann man mit einem Guthaben von 30 € telefonieren?

Gesprächsminuten	Guthaben in Cent

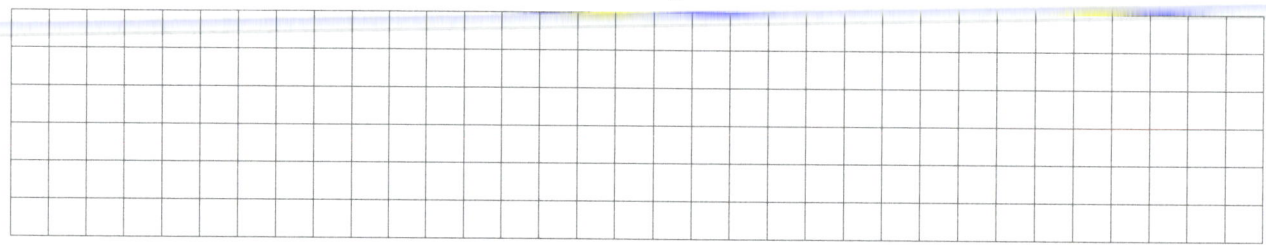

b) Ein Lkw verbraucht für eine Strecke von 60 km 4,8 Liter Benzin. Wie viel Liter verbraucht der Lkw auf 100 km?

Strecke in km	Benzinverbrauch in Liter

8

4. Zum Entleeren eines 500 000-Liter-Wasserbeckens sind 6 gleich große Abflüsse montiert. Wenn 4 Abflüsse geöffnet werden, wird das Becken in 18 Stunden geleert.

a) In wie viel Stunden wird das Becken von 6 Abflüssen geleert?

b) In Zukunft soll dieses Becken in 8 Stunden geleert werden. Wie viele Abflüsse werden zusätzlich benötigt?

c) In wie viel Stunden leeren 4 Abflüsse 400 000 Liter Wasser?

d) Nachdem 4 Abflüsse zusammen bereits 375 000 Liter des Wasserbeckens geleert haben, fällt ein Abfluss aufgrund einer Rohrverstopfung aus. Wie lange benötigen die übrigen 3 Abflüsse noch für die restlichen 125 000 Liter? Berechne schriftlich!

18

44

Gesamtpunktzahl

44 – 33 Punkte	32 – 22 Punkte	21 – 0 Punkte
☺	😐	☹

2. Prozentrechnung

Zum Aufwärmen: Verstehen und Üben

Wiederholung – Veranschaulichen von Anteilen und Prozentschreibweise

Information

Anteile kannst du auf verschiedene Arten angeben, z. B. als Bruchteil, Prozent oder als Dezimalzahl.
Veranschaulichen kannst du dir Anteile mithilfe von Diagrammen.

Beispiel: Zwei Fünftel deiner Klassenkameraden haben im Sommer Geburtstag.

Bruch	Prozentangabe	Dezimalzahl	Diagramm
$\frac{2}{5} = \frac{40}{100}$	40 %	0,4	

Information

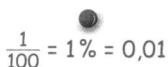

Prozent kommt vom lateinischen per centum (= von Hundert).

$\frac{1}{100} = 1\% = 0,01$

So wandelst du Brüche in die Prozentschreibweise um:

1. Möglichkeit:
Der Bruch kann durch Erweitern und/oder Kürzen auf den Nenner 100 gebracht werden.

Beispiele:

$\frac{1}{5} = \frac{1 \cdot 20}{5 \cdot 20} = \frac{20}{100} = 20\%$

$\frac{32}{400} = \frac{32:4}{400:4} = \frac{8}{100} = 8\%$

$\frac{18}{30} = \frac{18:3}{30:3} = \frac{6}{10} = \frac{6 \cdot 10}{10 \cdot 10} = \frac{60}{100} = 60\%$

2. Möglichkeit:
Du teilst den Zähler durch den Nenner und dann multiplizierst du mit 100 %.

Beispiele:

$p\% = \frac{3}{4} = 3:4 = 0,75 = 75\%$

$p\% = \frac{7}{8} = 7:8 = 0,875 = 87,5\%$

$p\% = \frac{15}{50} = 15:50 = 0,3 = 30\%$

1. Ergänze die Tabelle.

	a)	b)	c)	d)
Prozentangabe	25 %			$66,\overline{6}\%$
Dezimalzahl	0,25		0,75	
Bruch	$\frac{1}{4}$	$\frac{1}{5}$		
Diagramm				

2. Wandle den Bruch in die Prozentschreibweise um.

a) $\frac{7}{20} =$ ....

b) $\frac{48}{120} =$ ....

c) $\frac{3}{125} =$ ....

d) $\frac{45}{50} =$ ....

3. Die Freunde Peter und Paul wurden zu Klassensprechern gewählt. Als sie sich nach der Schule treffen, vergleichen sie ihre Wahlergebnisse. Peter erhielt in der 7 a 21 von 32 Stimmen und in der 7 c gingen 15 der 24 Stimmen an Paul. Wer hat bei der Wahl den größeren Anteil in Prozent bekommen?

Begriffe in der Prozentrechnung

Information

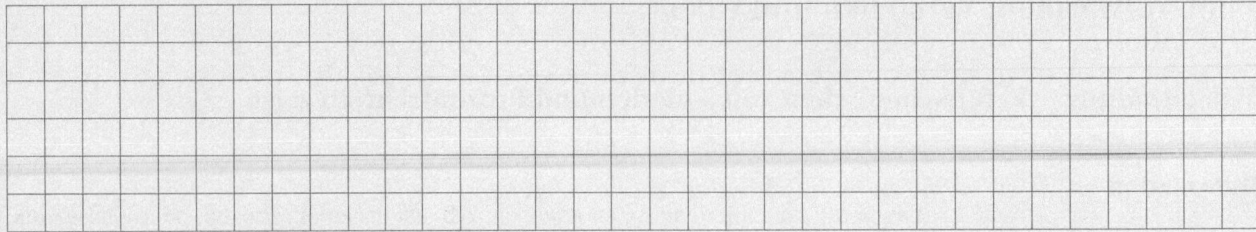

Der Grundwert entspricht immer 100 %.

In einer Quizshow stimmten beim Publikumsjoker 130 von 500 Zuschauern für die Antwort A, das sind 26 %.

Die Gesamtzahl der Zuschauer heißt **Grundwert G** (Ganzes).
Der Teil der Zuschauer, der für A gestimmt hat, heißt **Prozentwert W** (Teil).
Der Anteil in Prozentschreibweise heißt **Prozentsatz p %** (Anteil).

In unserem Beispiel sind also G = 500, W = 130 und p % = 26 %.

Grundwert, Prozentwert und Prozentsatz zu berechnen ist nicht schwierig. Du musst allerdings bei vielen Problemstellungen genau hinschauen, um herauszufinden, was gegeben ist und was berechnet werden soll.

4. Übe zunächst, die Begriffe in Textaufgaben zu erkennen, indem du Grundwert (blau), Prozentwert (grün) und Prozentsatz (rot) unterstreichst.

a) Von den 580 Schülerinnen und Schülern eines Gymnasiums essen 30 % in der Mensa zu Mittag, das sind 174 Schülerinnen und Schüler.

b) Sechs Schülerinnen und Schüler der Klasse 7 b mit insgesamt 30 Schülerinnen und Schülern kommen mit dem Fahrrad zur Schule; das sind 20 %.

c) In Deutschland gibt es ungefähr 12 105 km² Wald, das entspricht etwa 29,5 % der Gesamtfläche von 41 034 km².

Berechnen des Prozentsatzes

Information

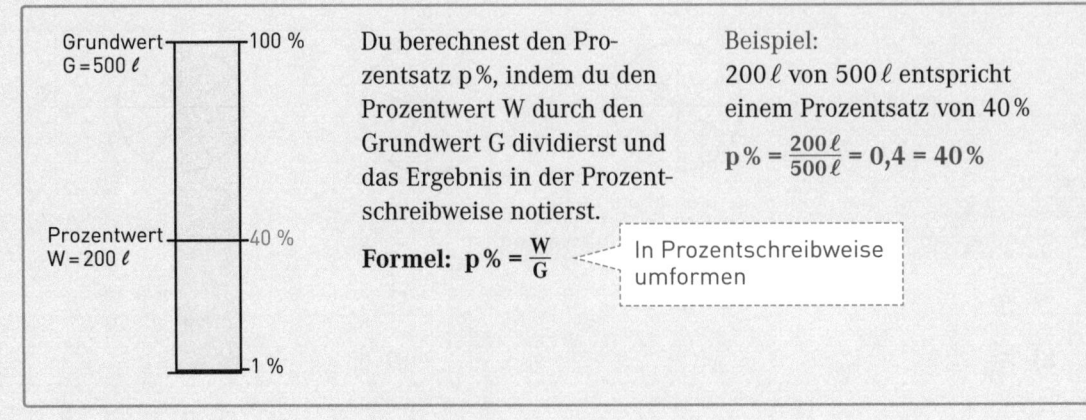

Grundwert G = 500 ℓ — 100 %

Prozentwert W = 200 ℓ — 40 %

1 %

Du berechnest den Prozentsatz p %, indem du den Prozentwert W durch den Grundwert G dividierst und das Ergebnis in der Prozentschreibweise notierst.

Formel: $p \% = \dfrac{W}{G}$

In Prozentschreibweise umformen

Beispiel:
200 ℓ von 500 ℓ entspricht einem Prozentsatz von 40 %

$p \% = \dfrac{200\,\ell}{500\,\ell} = 0{,}4 = 40 \%$

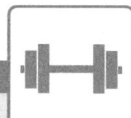

5. Berechne den Prozentsatz.

a) 3 m von 4 m   **b)** 11 g von 20 g   **c)** 105 min von 1 h   **d)** 35 kg von 250 kg

p % = ...   p % = ...   p % = ...   p % = ...

6. Bei einer Fahrradkontrolle hatten von insgesamt 525 Fahrrädern 147 Räder Sicherheitsmängel. Wie viel Prozent der Fahrräder waren das?
Ordne zuerst den gegebenen Größen die Begriffe zu, berechne anschließend die gesuchte Größe.

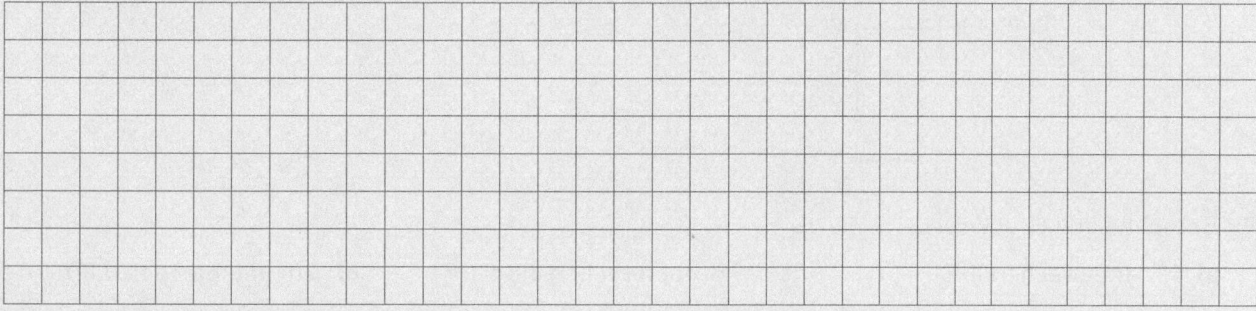

Berechnen des Prozentwertes

Information

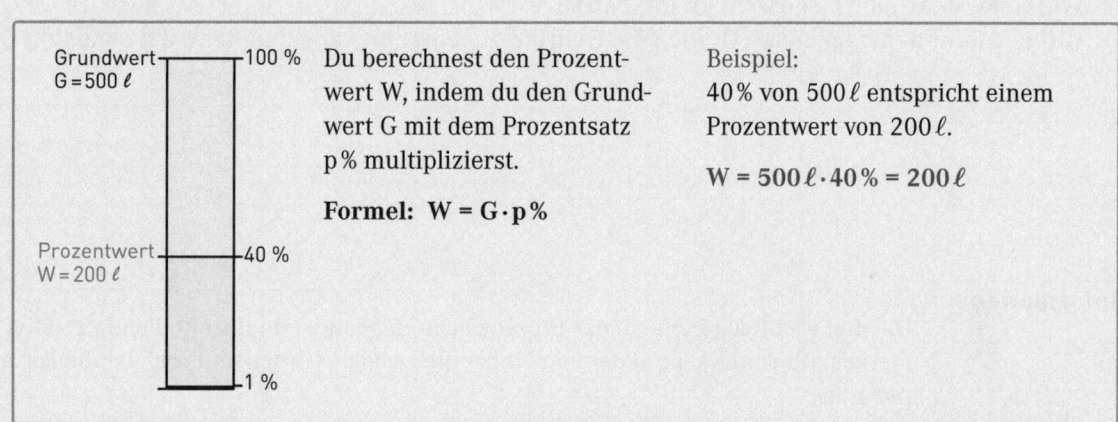

Grundwert G = 500 ℓ — 100 %

Prozentwert W = 200 ℓ — 40 %

— 1 %

Du berechnest den Prozentwert W, indem du den Grundwert G mit dem Prozentsatz p % multiplizierst.

Formel: W = G · p %

Beispiel:
40 % von 500 ℓ entspricht einem Prozentwert von 200 ℓ.

$$W = 500\,\ell \cdot 40\,\% = 200\,\ell$$

7. Berechne den Prozentwert.

a) 10 % von 200 t   **b)** 0,5 % von 5 000 m   **c)** 3 % von 620 l   **d)** 35 % von 86 kg

W = ...   W = ...   W = ...   W = ...

8. Pascal hat zum Geburtstag von seinen Großeltern insgesamt 95 € geschenkt bekommen. 25 % des Geldes gibt er für eine Taschenlampe aus. Wie teuer ist die Lampe?
Ordne zuerst den gegebenen Größen die Begriffe zu, berechne anschließend die gesuchte Größe.

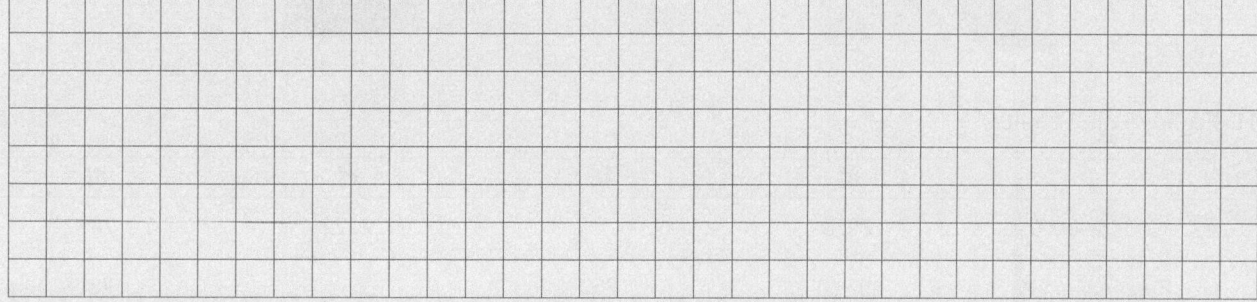

Berechnen des Grundwertes

Information

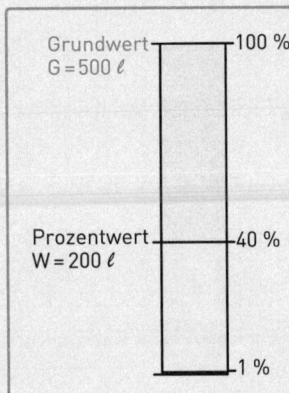

Du berechnest den Grundwert G, indem du den Prozentwert W durch den Prozentsatz p% dividierst.

Formel: $G = \dfrac{W}{p\%}$

Beispiel:
40 % von G sind 200 ℓ und entspricht einem Grundwert von 500 ℓ

$G = \dfrac{200\,\ell}{40\,\%} = 500\,\ell$

9. Berechne den Grundwert.

a) 1 % entsprechen 10 €

G = ...

b) 19 % entsprechen 3,8 g

G = ...

c) 4 m entsprechen 0,8 %

G = ...

10. In einem Freibad sind 28 % aller Besucher in den Schwimmbecken. Das sind 210 Personen.
Wie viele Gäste sind insgesamt im Freibad?
Ordne zuerst den gegebenen Größen die Begriffe zu, berechne anschließend die gesuchte Größe.

Information

Die drei wichtigen Formeln der Prozentrechnung kannst du dir mit dem folgenden Dreieck gut merken. Du verdeckst mit deinem Finger die gesuchte Größe und erhältst die Formel zur Berechnung.

Formeldreieck

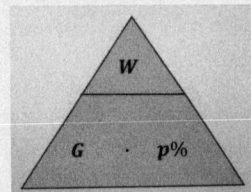

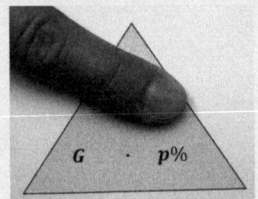 $W = G \cdot p\%$

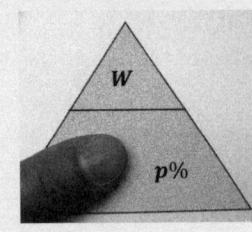 $G = \dfrac{W}{p\%}$

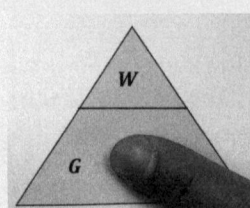 $p\% = \dfrac{W}{G}$

11. Ergänze die Tabelle.

	a)	b)	c)	d)
Grundwert G	2 050		2 222	789
Prozentwert W	102,50	250		781
Prozentsatz p%		25 %	2 %	

12. Herr Blümchen möchte seinen 450 m² großen Garten neu gestalten. Auf 32 % der Fläche möchte er Rasen säen. Für wie viel m² muss Herr Blümchen Rasensamen kaufen?
Ordne zuerst den gegebenen Größen die Begriffe zu, berechne anschließend die gesuchte Größe.

13. Nina wollte von ihrem Bruder Michael wissen, wie viel Geld er in den Sommerferien verdient hat. Hier seine Antwort: „10 % des gesamten Geldes bekam ich von Oma für mein gutes Zeugnis, $\frac{1}{4}$ des Gesamtbetrages verdiente ich mir beim Zeitung austragen, das Doppelte davon für die Nachhilfe in Mathe und 30 € bekam ich noch von Onkel Paul fürs regelmäßige Rasenmähen."

a) Wie viel Geld hat Michael in den Sommerferien verdient?

b) Stelle die einzelnen Anteile des Gesamtbetrages in einem Kreisdiagramm dar und gib die Prozentsätze an.

100 % entsprechen 360°.
1 % entspricht 3,6°.

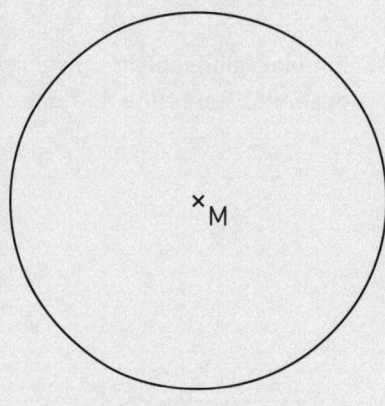

Prozentberechnung mit dem Dreisatz

Information

Du kannst die Berechnungen zur Prozentrechnung auch mit dem Dreisatz ausführen.

Beispiel: Herr Holprig kauft sich einen Fernseher für 350€. Er handelt einen Rabatt von 14% aus. Das entspricht 49€.

Angenommen, eine Größe wäre nicht gegeben und sollte nun berechnet werden:

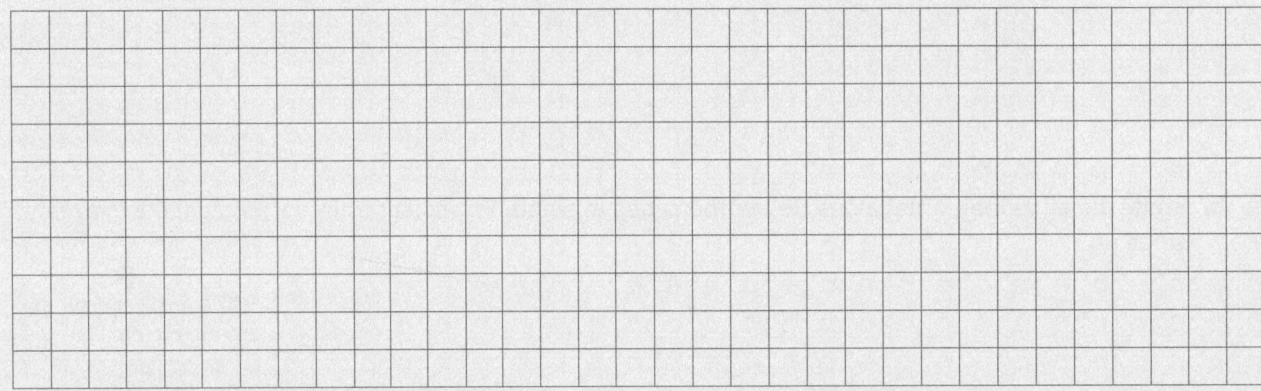

14. Familie Berg bucht eine Urlaubsreise für 1875€. Vom Reisebüro wird üblicherweise eine Anzahlung von 30% verlangt. Wie viel € muss Familie Berg anzahlen? Berechne mithilfe des Dreisatzes.

15. Ein Flachbildschirm wurde im Preis von 562€ auf 499€ gesenkt. Um wie viel Prozent wurde der Preis gesenkt? Berechne mithilfe des Dreisatzes.

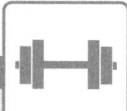

Prozentuale Änderungen – Erhöhung – Wachstumsfaktor

Herr Sonnenschein bekommt auf sein Gehalt in Höhe von 2 170,50 € eine Gehaltserhöhung von 4 %.
Wie viel € beträgt das neue Gehalt?

Gegeben: G = 2 180,50 €, p % = 4 %

Gesucht: neue Höhe des Gehalts
Lösung: Es gibt zwei mögliche Lösungswege.
1. Weg: Wir bestimmen zunächst die Gehaltserhöhung.
Der Prozentsatz beträgt 4 %. Die gesuchte Gehaltserhöhung ist der Prozentwert W. Für diesen gilt:
4 % von 2 170,50 € = 2 170,50 € $\cdot \frac{4}{100}$ = 86,82 €

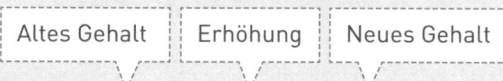

Neues Gehalt: 2 170,50 € + 86,82 € = 2 257,32 €

2. Weg: Wir berechnen das neue Gehalt in einem Schritt. Das neue Gehalt setzt sich aus dem alten Gehalt (100 %)
und der Gehaltserhöhung (4 %) zusammen. Das neue Gehalt ist also 104 % des alten Gehalts: p % = 104 %. Bei diesem
Weg ist der Prozentwert W das neue Gehalt. Für diesen gilt: 2 170,50 € $\xrightarrow{104\%}$ W.
Du kannst so rechnen: W = 2 170,50 € · 1,04 = 2 257,32 €.

Das neue Gehalt von Herrn Sonnenschein beträgt 2 257,32 €.

Information

> ### Erhöhung um ... – Erhöhung auf ...
> Die Erhöhung einer Größe kann   **a)** durch die Angabe der Veränderung oder
>
> **b)** durch die Angabe des neuen Wertes beschrieben werden.
>
> Beispiel: Allgemein:
> „Eine Größe wird um 8 % erhöht" heißt: „Eine Größe wird um p % erhöht" heißt:
> **a)** Erhöhe die Größe um 8 %.   **a)** Erhöhe die Größe um p %.
> **b)** Erhöhe die Größe auf 108 %.   **b)** Erhöhe die Größe auf (100 + p) %.
> Die Größe ist mit dem **Zunahmefaktor** zu   Die Größe ist mit dem **Zunahmefaktor** zu multi-
> multiplizieren: q = 108 % = 1,08.   plizieren: q = $1 + \frac{q}{100}$.

Statt Zunahme-
faktor sagt man
auch Wachs-
tumsfaktor.

16. Ergänze die folgende Tabelle. Bestimme den Wachstumsfaktor und den neuen Preis.

	a)	**b)**	**c)**	**d)**	**e)**
Alter Preis	2 050 €	1 850 €	500,20 €	1,88 €	555 €
Preiserhöhung um	1 %	2 %	5 %	3,5 %	2,3 %
Wachstumsfaktor					
Neuer Preis					

17. Auf einen Preis von 342,75 € werden noch 19 % Mehrwertsteuer dazu gerechnet.
Wie viel beträgt der neue Preis? Wie viel € beträgt die Mehrwertsteuer?
Ordne zuerst den gegebenen Größen die Begriffe zu, berechne anschließend die gesuchte Größe.

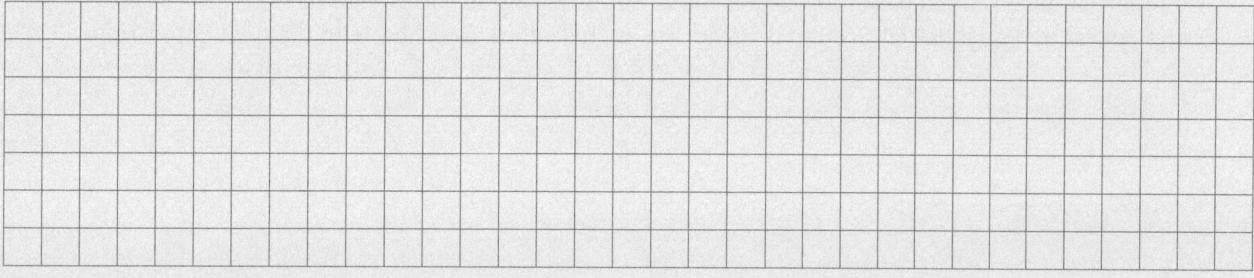

Prozentuale Änderungen – Abnahme – Abnahmefaktor

Im Radio war zu hören, dass der Milchpreis um 2 % gesenkt wird. Ein Liter kostete bisher 1,19 €.
Wie viel kostet er jetzt?

Gegeben: G = 1,19 €, p % = 2 %
Gesucht: neuer Milchpreis
Lösung: Es gibt zwei mögliche Lösungswege.
1. Weg: Wir bestimmen zunächst, um wie viele Euro der Preis gesenkt wurde.
Der Prozentsatz beträgt 2 %. Die gesuchte Preissenkung ist der Prozentwert W.
Für diesen gilt: 2 % von 1,19 € = $1{,}19\,€ \cdot \frac{2}{100} \approx 0{,}02\,€$

| Alter Preis | Verminderung | Neuer Preis |

Neuer Preis: 1,19 € – 0,02 € = 1,17 €

2. Weg. Wir berechnen den neuen Preis in einem Schritt. Der neue Preis setzt sich aus dem alten Preis (100 %) abzüg-
lich der Verminderung (2 %) zusammen. Der neue Preis ist also 98 % des alten Preises: p % = 98 %. Bei diesem Weg
ist der Prozentwert W der neue Preis. Für diesen gilt:

$1{,}19\,€ \xrightarrow{\;98\%\;} W$. Du kannst so rechnen: W = 1,19 € · 0,98 ≈ 1,17 €.
Der neue Milchpreis beträgt 1,17 €.

Information

> **Senkung um ... – Senkung auf ...**
> Die Verminderung einer Größe kann
> **a)** durch die Angabe der Veränderung oder
> **b)** durch die Angabe des neuen Wertes beschrieben werden.
>
> | Beispiel: | Allgemein: |
> |---|---|
> | „Eine Größe sinkt um 8 %" heißt: | „Eine Größe wird um p % erhöht" heißt: |
> | **a)** Vermindere die Größe um 8 %. | **a)** Vermindere die Größe um p %. |
> | **b)** Vermindere die Größe auf 92 %. | **b)** Vermindere die Größe auf (100 – p) %. |
> | Die Größe ist mit dem Abnahmefaktor zu multiplizieren: q = 98 % = 0,98. | Die Größe ist mit dem Abnahmefaktor zu multiplizieren: $q = 1 - \frac{q}{100}$. |

18. Ein Kaufhaus hat verschiedene Waren unterschiedlich stark im Preis reduziert.
Ergänze die folgende Tabelle.

	a)	b)	c)	d)	e)
Alter Preis	19,90 €	29,90 €	29,90 €	39,90 €	49,90 €
Preissenkung um	10 %	20 %	30 %	50 %	70 %
Abnahmefaktor					
Neuer Preis					

19. Ein PC, dessen Preis mit 899 € angegeben ist, wird mit einem Preisnachlass von 17 % verkauft.
Wie teuer ist der PC nach dem Preiserlass? Wie viel € beträgt der Preisnachlass?
Ordne zuerst den gegebenen Größen die Begriffe zu, berechne anschließend die gesuchte Größe.

Information

Auch bei den prozentualen Änderungen kannst du dir gut mit dem Formeldreieck helfen.

Formeldreieck

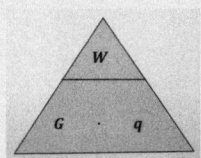

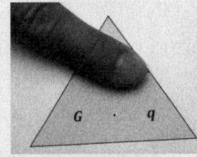

$W = G \cdot q$

$G = \dfrac{W}{q}$

$q = \dfrac{W}{G}$

20. Der Einzelhandelspreis G_E einer Ware beträgt 1320 €. Der Großhandelspreis G_G beträgt 875 € zuzüglich (plus) 19 % Mehrwertsteuer (MwSt.).

    a) Wie viel € kostet die Ware im Großhandel für den Einzelhändler?

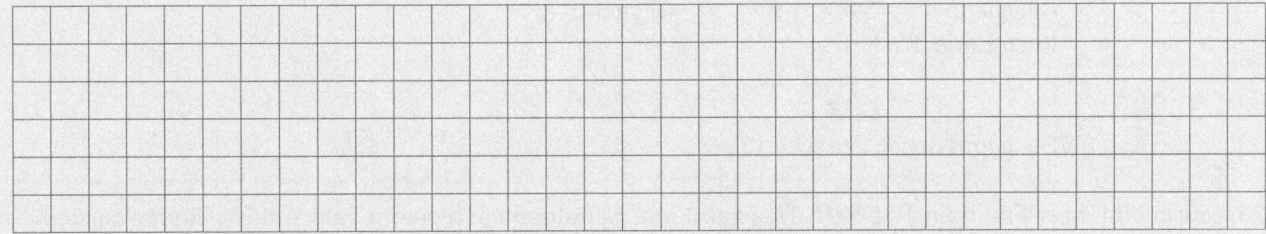

    b) Um wie viel Prozent ist die Ware für den Einzelhändler im Großhandel preiswerter?

21. Eine Maschine bearbeitet täglich 5 800 Waschmaschinenteile. Die Produktion wird um 28 % gesteigert. Wie viele Waschmaschinenteile werden jetzt an einem Tag bearbeitet?

22. Wegen der großen Nachfrage wurde der Preis von 130 € für ein Computerspiel um 11 % erhöht. Der erhöhte Preis wurde später um 11 % herabgesetzt. Michael behauptet, dass dann der Endpreis des Computerspiels wieder 130 € beträgt.
Was meinst du zu Michaels Aussage? Nimm Stellung dazu und begründe deine Antwort rechnerisch.

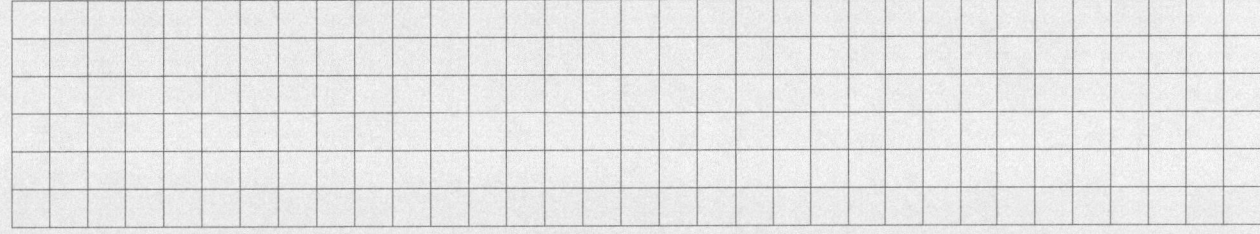

Zinsrechnung als besondere Prozentrechnung

Information

Experten bei Banken und Kreditinstituten haben eine eigene Sprache, in der es einen entsprechenden Begriff aus der Prozentrechnung gibt.

Kapital K   Geldbetrag, den man investiert
Darlehen K   Geldbetrag, den man leiht   } Grundwert

Zinssatz p%   Prozentualer Zuwachs des
                     Kapitals/Darlehens   } Prozentsatz

Jahreszinsen Z   Zinsen, die ein Kapital in einem Jahr
                     erbringt/kostet   } Prozentwert

Bei der Zinsrechnung rechnest du genauso wie bei der Prozentrechnung.

Beispiel:
Ein Kapital von 4 500 € wird mit einem Zinssatz von 3% verzinst. Wie hoch sind die Jahreszinsen?
Gegeben: K = 4 500 €, p% = 3%   **Gesucht:** Z = ?
Rechnung: $Z = K \cdot p\%$
             $= 4\,500\,€ \cdot 0{,}03$
             $= 135\,€$
Die Jahreszinsen betragen 135 €.

23. Laura leiht ihrer Freundin Tina 99 €. Tina zahlt ihre Schulden nach einem Jahr mit 3% Zinsen zurück. Welchen Betrag bekommt Laura zurück?

Information

Der Zinssatz bezieht sich immer auf ein Jahr, wenn nichts anderes angegeben ist.
Wenn du **Zinsen** für **Monate** oder **Tage** berechnen möchtest, dann musst du einen **Zeitfaktor t** mit berücksichtigen.
In der Zinsrechnung gilt: 1 Jahr = 360 Tage und 1 Monat = 30 Tage

Beispiel für Tageszinsen:
Wie viel € Zinsen bringen 10 000 € mit einem Zinssatz von 2,2 % in 14 Tagen?

$Z = K \cdot p\% \cdot \dfrac{t}{360}$

$= 10\,000 \cdot 2{,}2\% \cdot \dfrac{14}{360} \approx 8{,}56$

Die Zinsen betragen 8,56 €.

Beispiel für Monatszinsen:
Wie viel € Zinsen bringen 6 000 € mit einem Zinssatz von 3,3 % in 7 Monaten?

$Z = K \cdot p\% \cdot \dfrac{t}{12}$

$= 6000 \cdot 3{,}3\% \cdot \dfrac{7}{12} = 1\,039{,}50$

Die Zinsen betragen 1 039,50 €.

> ● Du kannst auch mit dem Dreisatz rechnen!

24. Herr Maus leiht sich 9 250 €. Sein Zinssatz beträgt 12 %. Welchen Zinsbetrag muss er in einem Monat aufbringen?

Beginn: ....   Ende: ....

Klassenarbeit 2.1

Themen: Anteile, Prozentdarstellung, Anwendungsaufgaben

1. Ergänze die Tabelle.

	a)	b)	c)	d)
Bruch (gekürzt)	$\frac{7}{20}$			
Bruch mit Nenner 10, 100, 1000, ...		$\frac{375}{1000}$		
Dezimalzahl			0,67	
Prozentangabe				4,2 %

6

2. Michaelas Lieblingsmüsli besteht aus 25 % Cornflakes, 40 % Haferflocken, 20 % Haselnüssen und 15 % Schokolade. Stelle die Zusammensetzung des Müslis mit Prozentangaben in einem Kreisdiagramm dar.

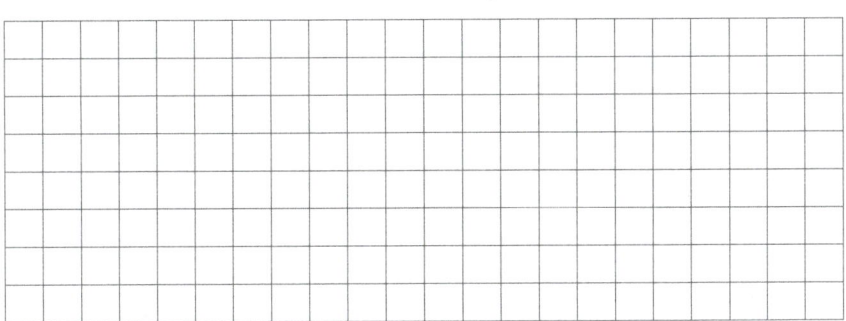 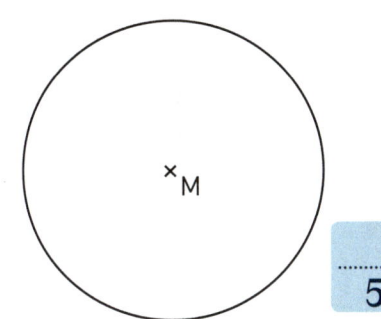

5

3. Ergänze die Tabelle.

	a)	b)	c)
Grundwert G	300	900	
Prozentwert W		45	6,9
Prozentsatz p %	2 %		2,4 %

6

4. Peter spart beim Kauf eines Skateboards 9,81 €, weil er einen Rabatt von 18 % bekommt. Wie viel € hat das Skateboard ursprünglich gekostet?

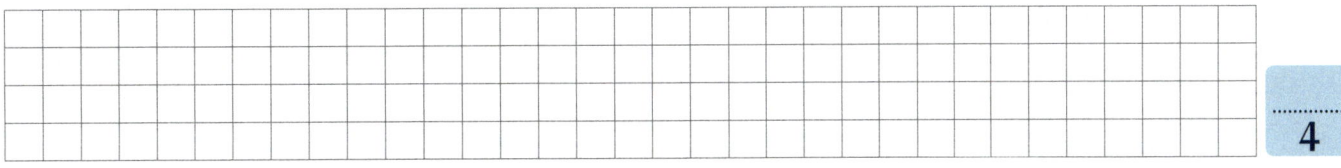

4

5. Wie groß ist der prozentuale Anteil der blauen Fläche?

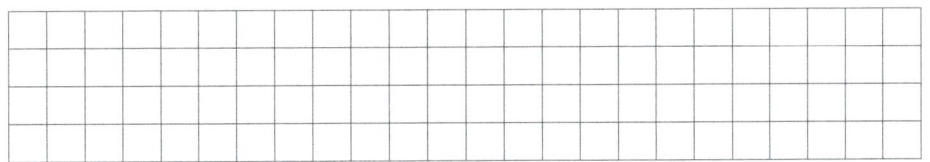 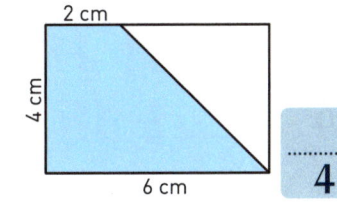

2 cm
4 cm
6 cm

4

25 – 19 Punkte	19,5 – 12,5 Punkte	12 – 0 Punkte
☺	😐	☹

Gesamtpunktzahl **25**

45
min

Beginn: .... Ende: ....

Klassenarbeit 2.2

Themen: Prozentdarstellung, Prozentrechnung, prozentuale Veränderung, Zinsrechnung, Anwendungsaufgaben

1. Ergänze die Tabelle.

	a)	b)	c)	d)
Kapital K	8 000 €	15 500 €		500 000 €
Zinssatz p %	5 %		12 %	6,5 %
Zinsen Z		555 €	480 €	

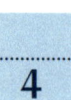

4

2. Finde bei den folgenden Brüchen heraus, wie viel Prozent sie jeweils entsprechen.

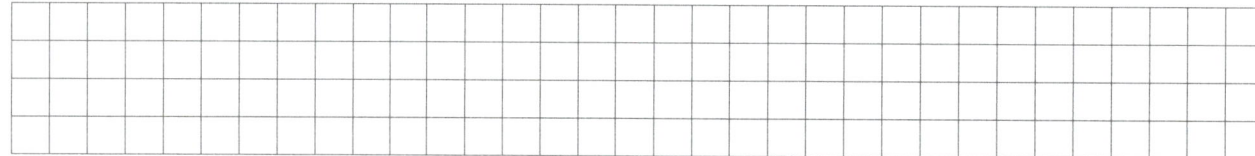

4

a) $\frac{1}{3}$ = ...

b) $\frac{9}{1000}$ = ...

c) $\frac{33}{44}$ = ...

d) $\frac{28}{21}$ = ...

3. Bei einer Bank werden 7 000 € zu einem Zinssatz von 0,8 % angelegt. Berechne die Zinsen für 144 Tage.

4

4. Eine Autofahrerin Susi Speed: „Ich habe mir mal die Tankquittung genauer angeschaut und nachgerechnet. Das mit den 19 % MwSt. stimmt ja gar nicht!"
Tankwart Teo Ted: „Klar stimmt das! Das geht doch heute alles automatisch mit der Kasse!"
Wer hat recht? Begründe deine Antwort rechnerisch.

8

5. Laura hat von A&Z zwei Rabatt-Gutscheine mit „jeweils 20 % Rabatt auf ihren Einkauf" geschenkt bekommen. Sie sucht sich bei A&Z eine neue Jeans für 69,99 € aus und möchte dabei ihre zwei Rabatt-Gutscheine einlösen. Die Kassiererin meint, dass 20 % und 20 % zusammen 40 % ergeben und vermindert Lauras Rechnung um 40 %.
War das korrekt? Nimm Stellung dazu und begründe deine Antwort rechnerisch.

6

26

Gesamtpunktzahl

26 – 20 Punkte	19 – 13 Punkte	12 – 0 Punkte
☺	😐	☹

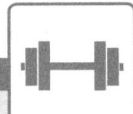

3. Winkel in Figuren

Zum Aufwärmen: Verstehen und Üben

Scheitelwinkel und Nebenwinkel

Information

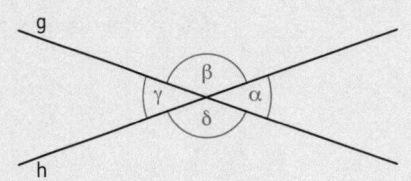

Schneiden sich zwei Geraden g und h, so nennt man das eine **Geradenkreuzung**.
Es entstehen vier Winkel α, β, γ und δ.

Zwei gegenüberliegende Winkel an einer Geradenkreuzung nennt man **Scheitelwinkel**.	α ist Scheitelwinkel zu γ. β ist Scheitelwinkel zu δ.
Scheitelwinkelsatz: Scheitelwinkel sind gleich groß.	α = γ β = δ
Zwei Winkel, die an einer Geradenkreuzung nebeneinander liegen, nennt man **Nebenwinkel**.	α ist ein Nebenwinkel zu β. β ist ein Nebenwinkel zu γ. γ ist ein Nebenwinkel zu δ. δ ist ein Nebenwinkel zu α.
Nebenwinkelsatz: Nebenwinkel ergänzen sich zu 180°, d. h. die Summe der beiden Winkelgrößen beträgt 180°.	α + β = 180° β + γ = 180° γ + δ = 180° δ + α = 180°

1. Bestimme rechnerisch die fehlenden Winkelgrößen α, β, γ und δ.

Winkel α	Winkel β	Winkel γ	Winkel δ
65°			
	80°		
			111°
		140°	

Planfigur:

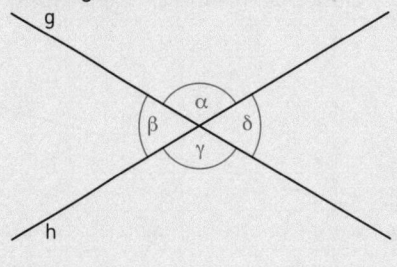

2. Bestimme rechnerisch die fehlenden Winkelgrößen α, β, γ, δ und ε.

Winkel α	Winkel β	Winkel γ	Winkel δ	Winkel ε
75°		20°		
		45°	80°	
	80°		60°	
	50°	55°		
			30°	40°
	85°	45°		

Planfigur:

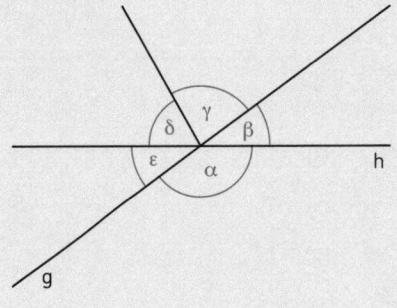

Stufenwinkel und Wechselwinkel

Information

Werden zwei parallele Geraden a und b von einer dritten Geraden g geschnitten *(doppelte Geradenkreuzung)*, so entstehen **Stufenwinkel**: Stufenwinkel liegen auf *derselben* Seite der schneidenden Geraden g und auf *entsprechenden* Seiten der geschnittenen Geraden a und b.

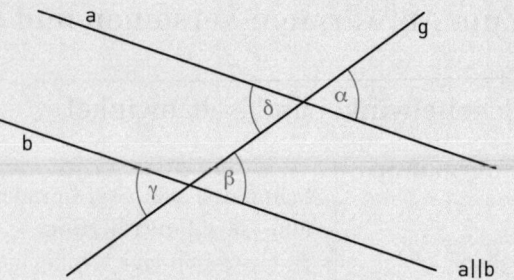

α und β sind Stufenwinkel zueinander.
γ und δ sind Stufenwinkel zueinander.

Stufenwinkelsatz:
Stufenwinkel sind gleich groß.

$\alpha = \beta$ und $\gamma = \delta$

An einer *doppelten Geradenkreuzung* entstehen auch **Wechselwinkel**:
Wechselwinkel liegen auf *verschiedenen* Seiten der schneidenden Geraden g und auf *entgegengesetzten* Seiten der geschnittenen Geraden a und b.

α und γ sind Wechselwinkel zueinander.
β und δ sind Wechselwinkel zueinander.

Wechselwinkelsatz:
Wechselwinkel sind gleich groß.

$\alpha = \gamma$ und $\beta = \delta$

3. In den drei Figuren werden jeweils zwei parallele Geraden von einer oder zwei anderen Geraden geschnitten. Bestimme jeweils die fehlenden Winkelgrößen α, β und γ. Begründe deine Entscheidung.

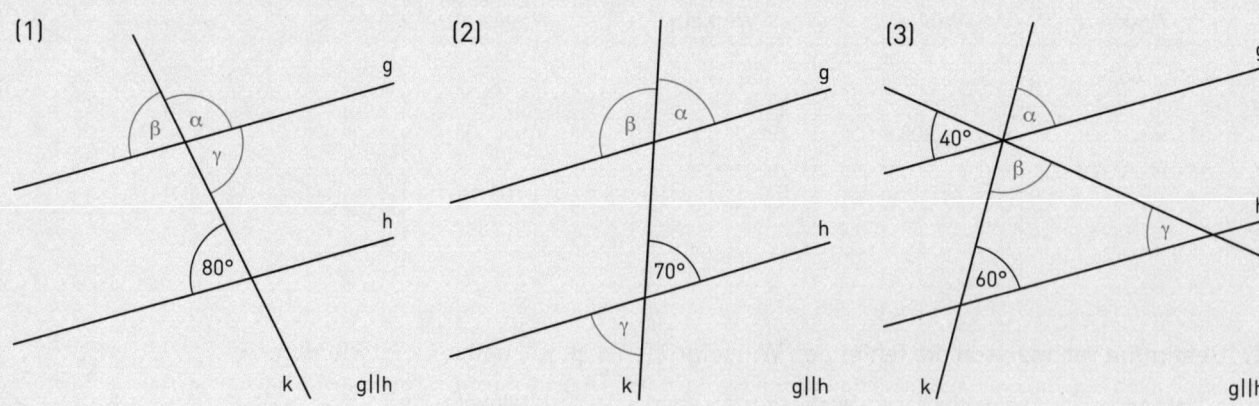

Figur	α	β	γ	Begründung
(1)				
(2)				
(3)				

Innenwinkel in Dreiecken

Information

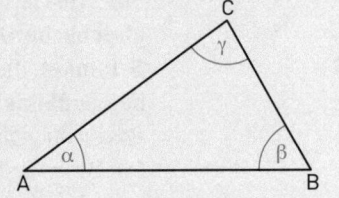

Winkelsummensatz für Dreiecke:
In *jedem* Dreieck beträgt die Summe der Innenwinkel 180°.
$\alpha + \beta + \gamma = 180°$

4. Bestimme für jede Figur die fehlenden Winkelgrößen α, β und γ.

a)

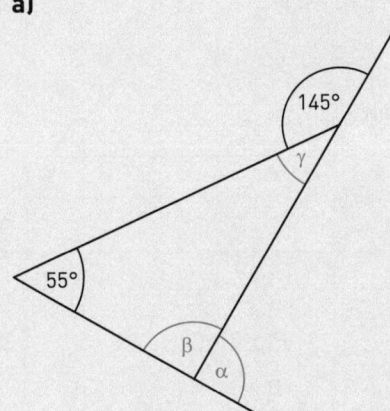

b)

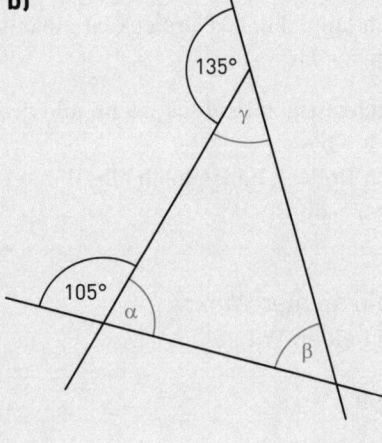

c)

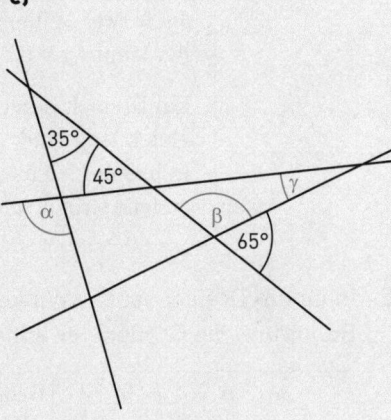

α = ... α = ... α = ...

β = ... β = ... β = ...

γ = ... γ = ... γ = ...

Information

Ein Dreieck heißt **spitzwinkliges Dreieck**, wenn es nur spitze Innenwinkel besitzt, also alle Winkel kleiner als 90° sind.

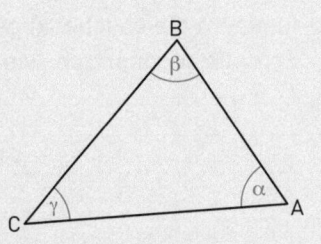

Ein Dreieck heißt **stumpfwinkliges Dreieck**, wenn es einen stumpfen Innenwinkel (d.h. einen Winkel größer als 90°) besitzt.

Ein Dreieck heißt **rechtwinkliges Dreieck**, wenn ein Innenwinkel 90° groß ist.
Ist $\gamma = 90°$, so gilt $\alpha + \beta = 90°$

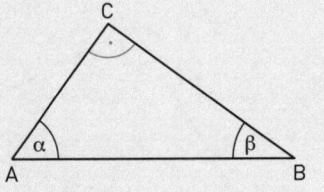

Verschiedene Arten von Dreiecken

Information

Ein Dreieck mit (mindestens) zwei gleich langen Seiten heißt **gleichschenkliges Dreieck**. Die gleich langen Seiten heißen **Schenkel**, die dritte Seite heißt **Basis**. Die Winkel an der Basis heißen **Basiswinkel**.

Basiswinkelsatz:
Die Basiswinkel in einem gleichschenkligen Dreieck sind gleich groß. Wenn a = b, dann α = β.

Kehrsatz des Basiswinkelsatzes:
Sind in einem Dreieck zwei Innenwinkel gleich groß, dann sind auch zwei Seiten gleich lang, d.h. das Dreieck ist gleichschenklig. Wenn α = β, dann a = b.

Ein Dreieck heißt **gleichseitiges Dreieck**, wenn alle drei Seiten gleich lang sind, d.h. a = b = c.
In jedem gleichseitigen Dreieck haben auch alle Winkel die gleiche Größe: α = β = γ = 60°

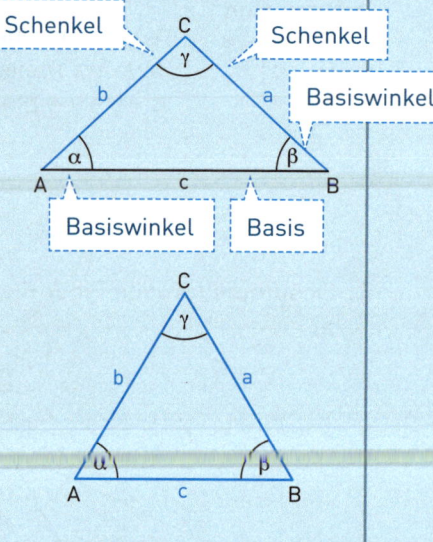
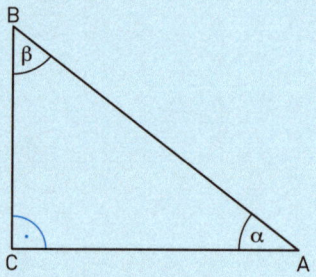

5. In einem Dreieck ist der Winkel γ ein rechter Winkel.
Bestimme die Größen der anderen beiden Winkel.

Planfigur:

α	β	Bedingung
		γ ist dreimal so groß wie β.
		β ist doppelt so groß wie α.
		β = 75°
		γ ist um 35° größer als α.

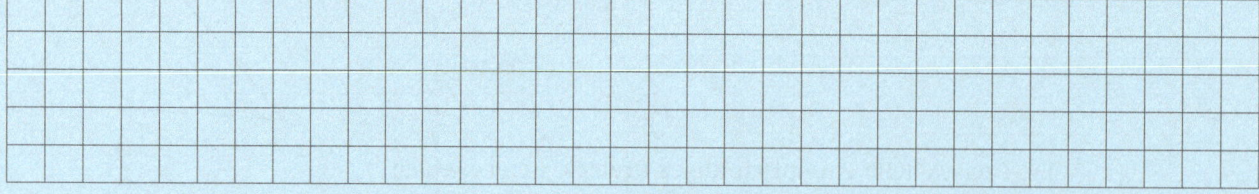

6. In einem gleichschenkligen Dreieck ist ein Basiswinkel doppelt so groß wie der Winkel an der Spitze.
Ermittle rechnerisch, wie groß der Winkel an der Spitze ist.

7. In den unten abgebildeten Figuren findest du gleichschenklige und gleichseitige Dreiecke.
Bestimme jeweils die Größe der Winkel α und β.

a)

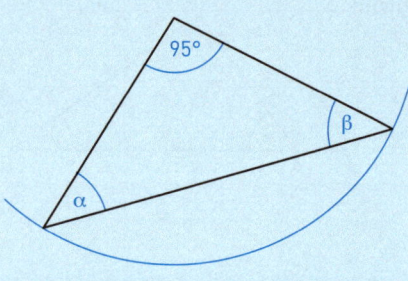

b)

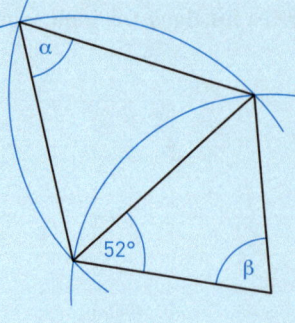

c)

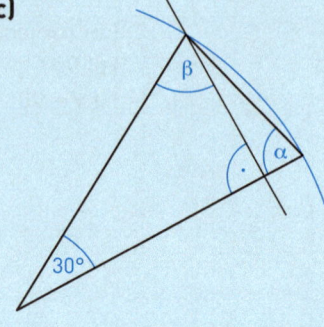

α = ...   β = ...

α = ...   β = ...

α = ...   β = ...

8. Prüfe, ob es ein solches Dreieck gibt. Gib dann entweder ein Beispiel dafür an oder begründe, warum es ein solches Dreieck nicht geben kann.

a) Ein Dreieck mit drei spitzen Winkeln.

....

....

b) Ein Dreieck mit zwei stumpfen Winkeln.

....

....

c) Ein Dreieck, in dem der kleinste Innenwinkel 63° beträgt.

....

....

d) Ein Dreieck, in dem die Winkel β und γ doppelt so groß sind wie der Winkel α.

....

....

e) Ein Dreieck, in dem der Winkel α fünfmal so groß ist wie die Winkel β und γ zusammen.

....

....

Winkelsumme in Vierecken und anderen Vielecken

Information

Winkelsummensatz für Vierecke:
In *jedem* Viereck beträgt die Summe der Innenwinkel 360°.
Es gilt: $\alpha + \beta + \gamma + \delta = 360°$

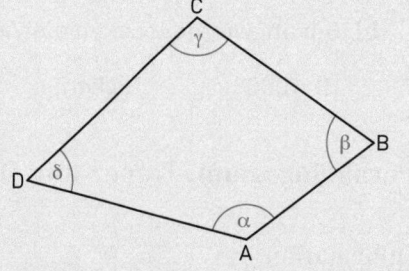

9. Berechne den Winkel α.

a)

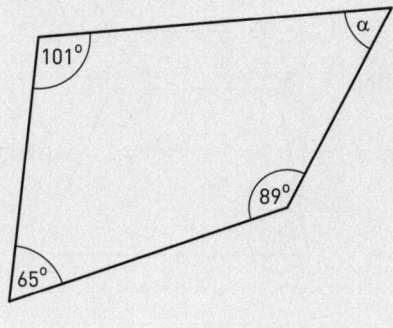

b)

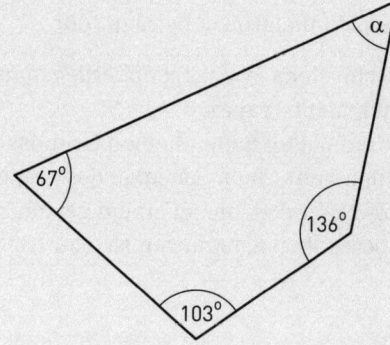

c)

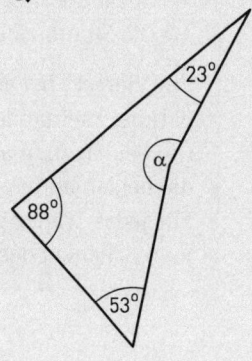

α = ...   α = ...   α = ...

10. Prüfe, ob es ein solches Viereck gibt. Gib dann entweder ein Beispiel dafür an oder begründe, warum es ein solches Viereck nicht geben kann.

a) Ein Viereck mit vier spitzen Winkeln.

....

....

b) Ein Viereck mit drei stumpfen Winkeln.

....

....

c) Ein Viereck mit genau drei gleich großen Winkeln.

....

....

d) Ein Viereck, in dem der kleinste Innenwinkel 90° beträgt.

....

....

Information

> **Winkelsummensatz für Vielecke:**
> In jedem Fünfeck beträgt die Innenwinkelsumme 540°.
> In jedem Sechseck beträgt die Innenwinkelsumme 720°.
> Für jede weitere Ecke in einem Vieleck kommen weitere 180° zur Innenwinkelsumme hinzu.

11. a) Berechne die Innenwinkelsumme für ein ...

(1) ... Siebeneck: .... Grad   (2) ... Zehneck: .... Grad   (3) ... Zwanzigeck: .... Grad

b) Gib an, wie viele Ecken ein Vieleck mit der Innenwinkelsumme hat.

(1) 1080°: .... Ecken   (2) 2700°: .... Ecken   (3) 4500°: .... Ecken

Parallelogramm, Trapez und Drachenviereck

Information

> Ein Viereck, bei dem die gegenüberliegenden Seiten parallel zueinander sind, heißt **Parallelogramm**.
> Für jedes Parallelogramm gilt:
> - Benachbarte Winkel ergänzen sich zu 180°.
> - Gegenüberliegende Winkel sind gleich groß.
> - Die Summe aller vier Winkelgrößen beträgt 360°.
>
> Ein Viereck, bei dem wenigstens zwei gegenüberliegende Seiten parallel zueinander sind, heißt **Trapez**.
> Die beiden zueinander parallelen Seiten heißen Grundseiten, die beiden anderen Seiten nennt man Schenkel des Trapezes.
> Für jedes Trapez gilt: Zwei Winkel, die an einem gemeinsamen Schenkel des Trapezes liegen, ergänzen sich zu 180°.

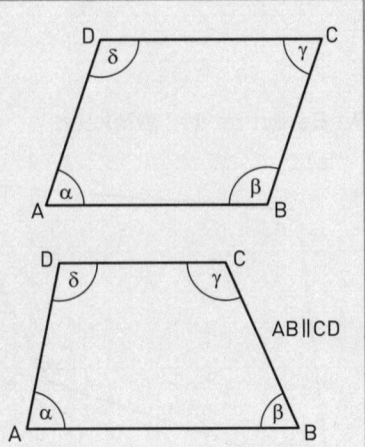

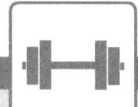
12. a) Berechne die übrigen Winkel des Parallelogramms.

α	β	γ	δ
47°			
	152°		
		111°	
			83°

b) Berechne die übrigen Winkel des Trapezes.

α	β	γ	δ
	61°		78°
39°		123°	
	27°		55°
154°		104°	

Information

Ein Trapez, bei dem zwei Winkel an einer gemeinsamen Grundseite gleich groß sind, heißt **gleichschenkliges Trapez**.

Ein Viereck, bei dem zwei benachbarte Seiten und ebenso die beiden anderen benachbarten Seiten jeweils gleich lang sind, heißt **Drachenviereck**.

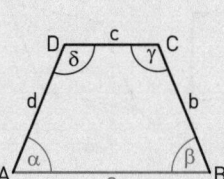

Gleichschenkliges Trapez

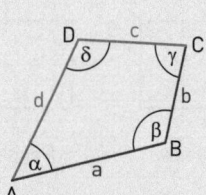

Drachenviereck

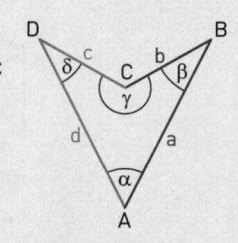

Drachenviereck mit einspringender Ecke

13. In den untenstehenden Figuren findest du jeweils ein besonderes Viereck ABCD. Berechne die fehlenden Winkel. Erläutere deinen Rechenweg.

a)

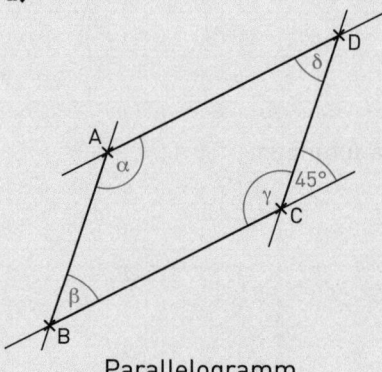

Parallelogramm

b)

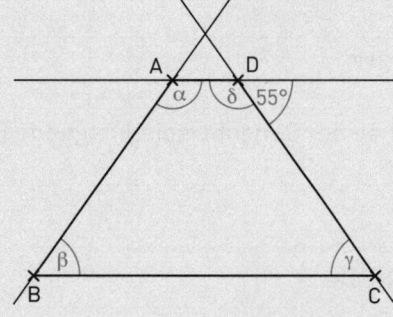

Gleichschenkliges Trapez

c)

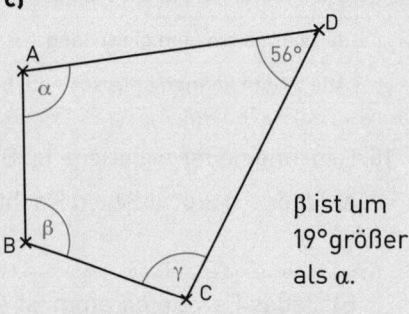

β ist um 19° größer als α.

Drachenviereck

a)
α = ... β = ...

γ = ... δ = ...

b)
α = ... β = ...

γ = ... δ = ...

c)
α = ... β = ...

γ = ...

Rechenweg:..................................... ....

....

....

....

....

....

....

Information

Symmetrie bei Quadrat, Rechteck, Raute, Trapez und Drachenviereck

(1) Jedes Quadrat ist achsensymmetrisch zu den beiden Diagonalgeraden und zu den beiden Mittellinien, sowie punktsymmetrisch zu deren Schnittpunkt.

(2) Jedes Rechteck ist achsensymmetrisch zu den beiden Mittellinien sowie punktsymmetrisch zu deren Schnittpunkt.

(3) Jede Raute ist achsensymmetrisch zu den beiden Diagonalgeraden sowie punktsymmetrisch zu deren Schnittpunkt.

(4) Jedes gleichschenklige Trapez ist achsensymmetrisch zu der Mittellinie einer Grundseite.

(5) Jedes Drachenviereck ist achsensymmetrisch zu einer Diagonalgeraden.

(6) Jedes Parallelogramm ist punktsymmetrisch zum Schnittpunkt der Diagonalgeraden.

| Quadrat | Rechteck | Raute | Gleichschenkliges Trapez | Drachenviereck | Parallelogramm |

---

14. Kreuze an, wenn ein Viereck die angegebene Eigenschaft besitzt.
(Quadrat – Q, Rechteck – Re, Raute – Ra, Parallelogramm – P, Trapez – T, Drachenviereck - D)

Eigenschaft	Q	Re	Ra	P	T	D
Beide Diagonalen sind Symmetrieachsen.						
Das Viereck ist punktsymmetrisch.						
Mindestens zwei Winkel sind gleich groß.						
Die Mittellinien stehen orthogonal aufeinander.						
Je zwei Seiten sind gleich lang.						
Alle Seiten können unterschiedlich lang sein.						

15. Begründe oder widerlege (z. B. mit einem Gegenbeispiel) folgende Behauptungen.

a) Jedes Quadrat ist ein Rechteck.

....

b) Jedes Parallelogramm ist eine Raute.

....

c) Jedes Viereck ist punktsymmetrisch.

....

d) Jedes Trapez ist achsensymmetrisch.

....

Beginn: .... Ende: ....

Klassenarbeit 3.1

Themen: Winkel an Geradenkreuzungen, Symmetrie bei Vierecken, Winkel in Dreiecken

1. Trage in die Abbildung rechts ein:
   - einen Nebenwinkel β zu α
   - einen Scheitelwinkel γ zu α
   - einen Stufenwinkel δ zu α.

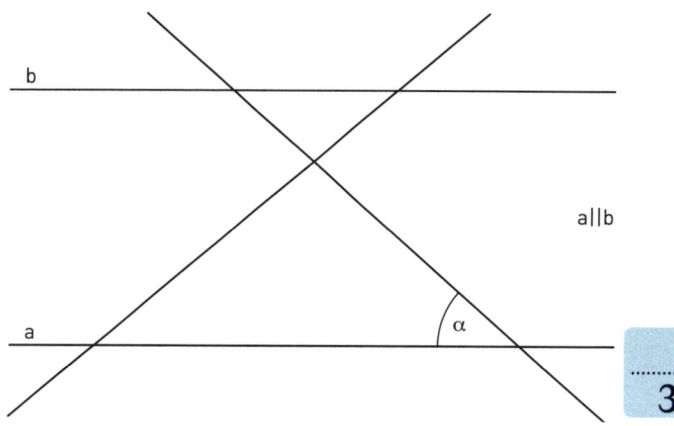

a∥b

....
3

2. **a)** Welche der Vierecke besitzen mindestens zwei Symmetrieachsen? Kreuze an.

   ☐ Rechteck   ☐ Quadrat   ☐ Trapez   ☐ Parallelogramm   ☐ Raute   ☐ Drachenviereck

   b) Sortiere nach der Anzahl der Symmetrieachsen.
   Beginne mit der Figur, die die meisten Symmetrieachsen besitzt:
   Rechteck; gleichseitiges Dreieck; Kreis.

   ....

   c) Kreuze alle Möglichkeiten an, bei denen sich wahre Aussagen ergeben.

	punktsymmetrisch	achsensymmetrisch
Jedes Parallelogramm ist		
Jedes Drachenviereck ist		

   d) Ein Trapez hat im Allgemeinen keine Symmetrieeigenschaften.
   Welche besonderen Eigenschaften hat ein Trapez?

   ....

   ....

   ....

   Beschreibe, unter welchen Bedingungen ein Trapez achsensymmetrisch ist.
   Zeichne ein achsensymmetrisches Trapez einschließlich der Symmetrieachse.

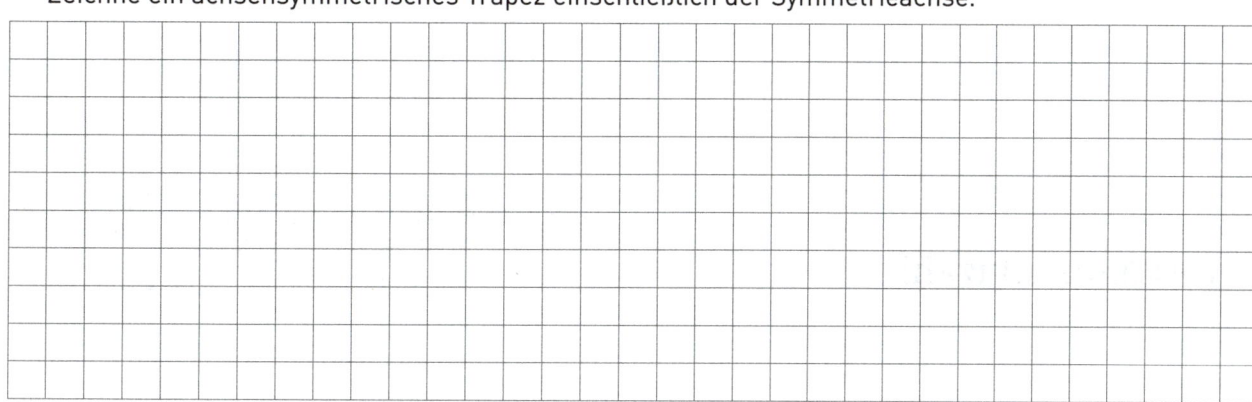

....
11

3. Bestimme anhand der gegebenen Winkelgrößen jeweils die fehlenden Winkelgrößen.
Begründe dein Vorgehen.

a)

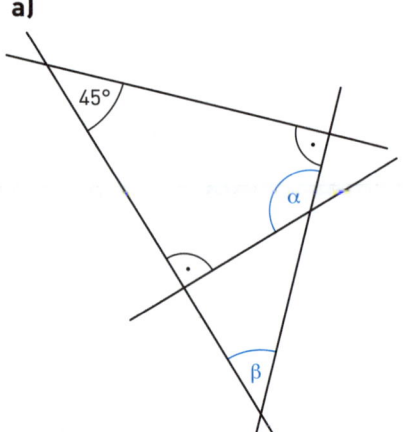

b)

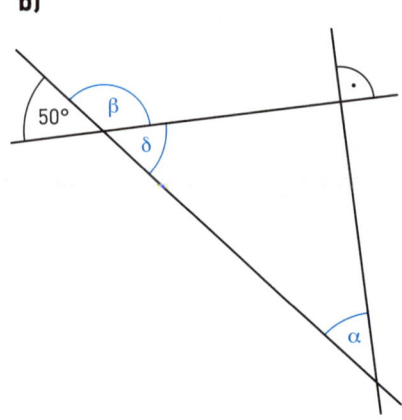

c)

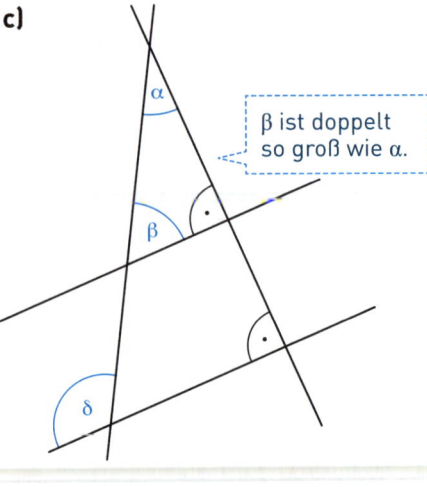

β ist doppelt so groß wie α.

α = ...   β = ...

α = ...   β = ...   δ = ...

α = ...   β = ...   δ = ...

Begründungen: ....

....

....

....

....

....

14

....

....

....

....

....

....

....

....

....

....

....

....

4. a) Entscheide und begründe, ob das Dreieck rechtwinklig, spitzwinklig oder stumpfwinklig ist.

(1) $\alpha = 27°$; $\beta = 54°$ (2) $\beta = 70°$; $\gamma = 55°$ (3) $\alpha = 47°$; $\gamma = 43°$

....

....

....

b) $\alpha = 48°$. Wie groß darf γ höchstens sein, damit das Dreieck stumpfwinklig ist, wenn β der stumpfe Winkel ist?

....

c) In einem gleichschenkligen Dreieck ist $\beta = 120°$. Wie groß sind die anderen beiden Winkel?

....

7

....

35 – 25,5 Punkte	25 – 17,5 Punkte	17 – 0 Punkte
☺	😐	☹

35 Gesamtpunktzahl

Beginn: .... Ende: ....

Klassenarbeit 3.2

Themen: Winkel an Geradenkreuzungen, Winkelsumme in Dreiecken und Vierecken, Prozentrechnung (Wdh.)

1. Vervollständige die folgenden Sätze.

   a) Ein Winkel und sein Nebenwinkel ....

   b) Ein Winkel und sein Scheitelwinkel ....

   c) Die Summe der Innenwinkel in einem Drachenviereck ....

   3

2. Entscheide, ob die folgenden Aussagen richtig oder falsch sind. Begründe deine Entscheidung.

	Aussage	wahr	falsch	Begründung
(1)	In einem gleichschenkligen Dreieck können alle Innenwinkel gleich groß sein.			
(2)	Das Dreieck mit den Winkeln $\alpha = 55°$ und $\beta = 35°$ ist ein spitzwinkliges Dreieck.			
(3)	Gleichschenklige Dreiecke können spitzwinklig, rechtwinklig, aber nicht stumpfwinklig sein.			
(4)	Rechtwinklige Dreiecke können einen stumpfen Winkel haben.			

8

3. Entscheide, ob man ein Viereck mit den angegebenen Winkeln zeichnen kann. Begründe deine Antwort.

   a) $\alpha = 80°$; $\beta = 64°$; $\gamma = 120°$ **b)** $\beta = 130°$; $\gamma = 105°$; $\delta = 125°$

....

....

....

....

....

....

....

....

....

....

4

4. In der Abbildung rechts werden zwei parallele Geraden a und b von einer dritten Geraden geschnitten.

Es gilt: $\varphi = 50°$ und $\alpha = \beta$

Berechne die fehlenden Winkelgrößen. Begründe deine Antworten.

a) Es gilt: $\varphi = 50°$ und $\alpha = \beta$.

α	β	γ	δ	ε	η

Begründungen: ....

....

....

....

....

b) Es gilt: $\alpha = 30°$ und $\delta = 80°$.

α	β	γ	δ	ε	η

Begründungen: ....

....

....

....

10

5. Berechne die fehlenden Größen und trage sie in die Tabelle ein.

Grundwert G	100	300	500	600		
Prozentwert W			100	750	480	80
Prozentsatz p	12 %	9 %			48 %	5 %

3

6. Berechne die fehlenden Winkelgrößen.　　　　Planfigur (Winkel nicht maßstäblich!)

α = ...

β = ...

γ = ...

δ = ...

ε = ...

6

φ = ...

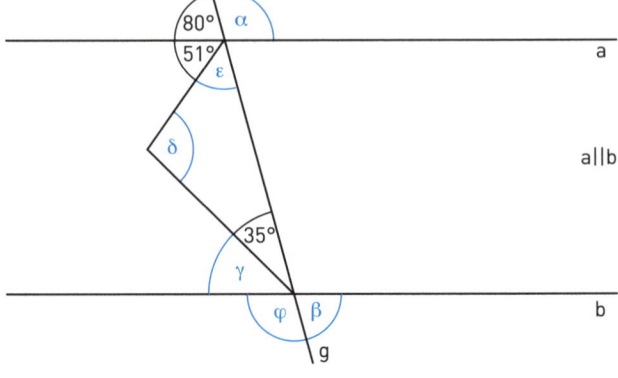

34   Gesamtpunktzahl

34 – 25,5 Punkte	25 – 17 Punkte	16,5 – 0 Punkte
☺	😐	☹

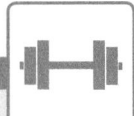

4. Rationale Zahlen

Zum Aufwärmen: Verstehen und Üben

Einführung der rationalen Zahlen

Information

Natürliche Zahlen ($\mathbb{N}$) und gebrochene Zahlen ($\mathbb{Q}_+$) reichen nicht immer, um Situationen oder Vorgänge der realen Umwelt zu beschreiben. Im vergangenen Jahr haben wir deshalb zunächst den Zahlenstrahl der natürlichen Zahlen zur Zahlengeraden erweitert. Dort finden wir zu jeder natürlichen Zahl links von der 0 die entsprechende Zahl mit negativem Vorzeichen.
Auf diese Weise können wir auch Temperaturen unter 0 angeben, z.B. – 4°C.

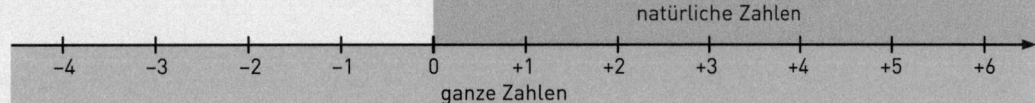

Da Temperaturen unter 0°C nicht zwangsläufig ganzzahlig sein müssen, erweitern wir nun auch den Zahlenstrahl der gebrochenen Zahlen zur Zahlengeraden. Dadurch ist es uns möglich Temperaturen wie – 7,3°C oder aber – 0,25 m als Zustandsänderungen eines Flusspegels anzugeben.

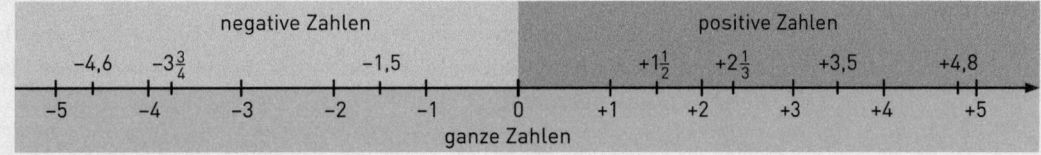

Die ganzen Zahlen ($\mathbb{Z}$) bilden zusammen mit den positiven und negativen gebrochenen Zahlen die **rationalen Zahlen** ($\mathbb{Q}$).
Die positiven Zahlen liegen rechts von 0, die negativen Zahlen links von 0.
Die Zahl 0 ist weder positiv noch negativ, d.h. es gilt: $+0 = -0 = 0$.

1. Zu welchen der Zahlenmengen $\mathbb{N}$, $\mathbb{Q}_+$, $\mathbb{Z}$ und $\mathbb{Q}$ gehören die Zahlen? Kreuze alle Möglichkeiten an.

		$\mathbb{N}$	$\mathbb{Q}_+$	$\mathbb{Z}$	$\mathbb{Q}$
a)	6				
b)	– 4				
c)	$-\frac{2}{5}$				
d)	8,75				
e)	– 0,8				
f)	+7				
g)	$6\frac{1}{4}$				

2. Gib die auf der Zahlengeraden markierten rationalen Zahlen an. Kürze vollständig.

a)

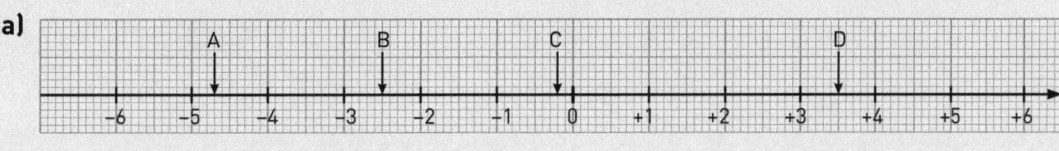

A: ....   B: ....   C: ....   D: ....

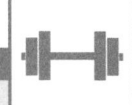

b)

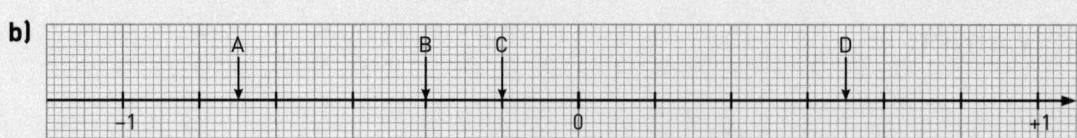

A: .... B: .... C: .... D: ....

3. Stelle die angegebenen Zahlen jeweils auf einer Zahlengeraden mit geeigneter Skalierung dar.

a) $+2$; $-1,7$; $-\frac{9}{5}$; $-\frac{23}{23}$; $1,2$; $+\frac{9}{5}$

b) $\frac{3}{4}$; $-\frac{7}{5}$; $-\frac{1}{2}$; $+\frac{4}{2}$; $-\frac{15}{8}$; $\frac{10}{8}$

Anordnung und Betrag

Information

Will man beurteilen, welche von zwei rationalen Zahlen die größere bzw. die kleinere ist, muss man ihre Lage auf der Zahlengeraden zueinander untersuchen. Entscheidend ist die Anordnung der Zahlen auf der Zahlengeraden.

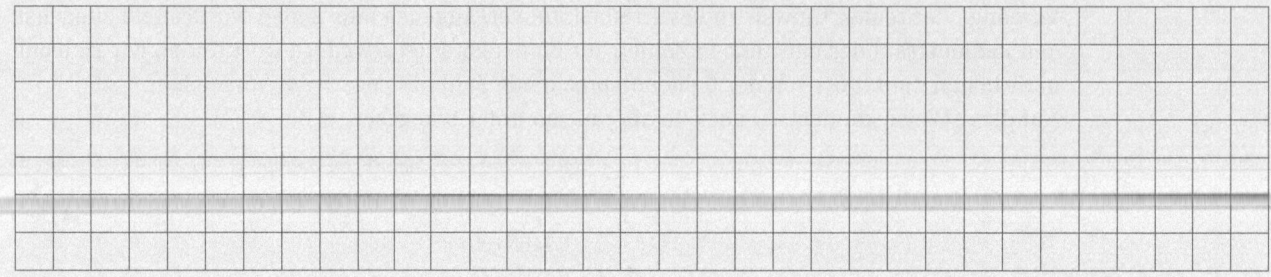

Es gilt: Die Zahl, die weiter links steht, ist die kleinere Zahl. Steht die Zahl weiter rechts, ist sie die größere Zahl.

Beispiele:

$+1 < +3,1$, weil $+1$ links von $+3,1$ liegt.

$-2,7 < +1\frac{3}{4}$, weil $-2,7$ links von $+1\frac{3}{4}$ liegt.

$-3,5 < -1\frac{1}{2}$, weil $-3,5$ links von $-1\frac{1}{2}$ liegt.

„ist kleiner als" bedeutet „ist niedriger als".
Auf der Zahlengeraden bedeutet dies „liegt links von".

4. Vergleiche die Zahlen und setze eines der Zeichen < oder > ein.

a) $\frac{3}{7}$ ☐ $\frac{3}{6}$

0 ☐ -1

b) $-5,1$ ☐ $4,9$

-3 ☐ -5

c) $-\frac{4}{8}$ ☐ $-\frac{5}{8}$

$-\frac{3}{7}$ ☐ $-\frac{3}{6}$

d) -200 ☐ $-2\,000$

70 ☐ -80

5. Ordne die rationalen Zahlen. Verwende das Zeichen <.

a) 7; -5; 4; -1; 2; -3; -6; 6; 17; -22

b) $5,2$; -2; 9; $8,4$; $-14,1$; $29,4$; $-14,7$

c) $5\frac{1}{4}$; $-2\frac{2}{3}$; $-4\frac{3}{7}$; $4\frac{3}{4}$; $-4\frac{3}{8}$; $4\frac{2}{7}$; -1

Information

(1) Spiegelt man eine Zahl an der 0, erhält man ihre **Gegenzahl**. Eine Zahl und ihre Gegenzahl unterscheiden sich lediglich hinsichtlich ihres Vorzeichens.
Die Gegenzahl von 0 ist die 0 selbst.

Beispiele:
Die Gegenzahl von 2,75 ist – 2,75 und die von $-\frac{2}{3}$ ist $\frac{2}{3}$.

(2) Eine Zahl und ihre Gegenzahl haben den gleichen Abstand von der 0. Man bezeichnet den Abstand einer Zahl von der 0 als **Betrag** dieser Zahl.
Der Betrag einer rationalen Zahl r wird mit $|r|$ bezeichnet (gelesen: „Betrag von r.").
Der Betrag einer positiven Zahl ist diese Zahl selbst.
Der Betrag einer negativen Zahl ist die Gegenzahl dieser Zahl.

Beispiele:
$$|-4,5| = 4,5 \qquad |+4,5| = 4,5 \qquad \left|-\frac{3}{4}\right| = \frac{3}{4} \qquad |8| = 8$$

6. a) Gib jeweils die Gegenzahl an: $\frac{3}{4}$; $-\frac{3}{8}$; 2,5; $-\frac{4}{5}$; $-4,01$; $\frac{10}{8}$.

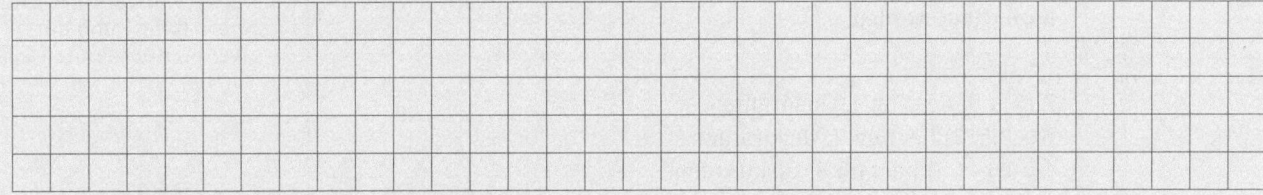

b) Gib jeweils den Betrag an: -6; $+3$; 8; 0; $-\frac{3}{7}$; $-4\frac{3}{8}$; $-59,6$; 26,3.

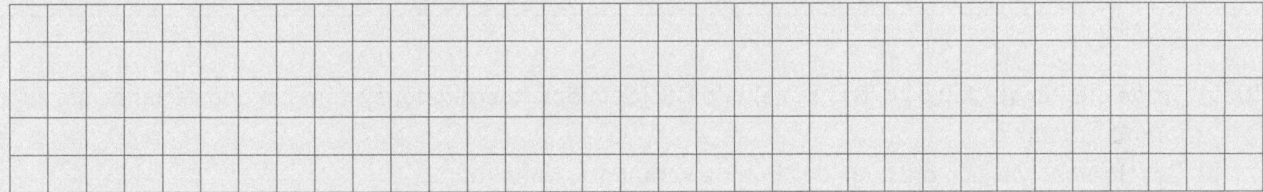

7. a) Ordne die rationalen Zahlen. Verwende das Zeichen <.
$-\frac{2}{3}$; $\frac{4}{3}$; -5; $-0,6$; 1,4; $-\frac{17}{4}$

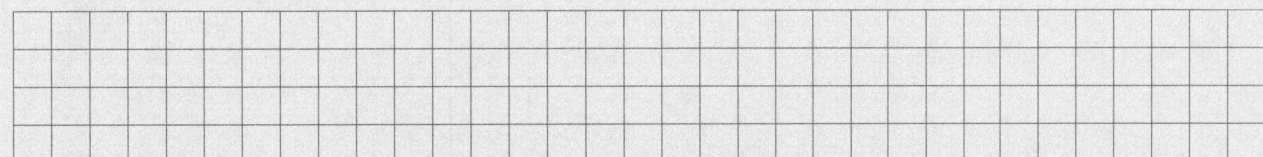

b) Ordne die Gegenzahlen der rationalen Zahlen aus Teilaufgabe a). Verwende ebenfalls das Zeichen <. Was fällt auf?

c) Ordne die Beträge der rationalen Zahlen aus Teilaufgabe a). Verwende das Zeichen <.

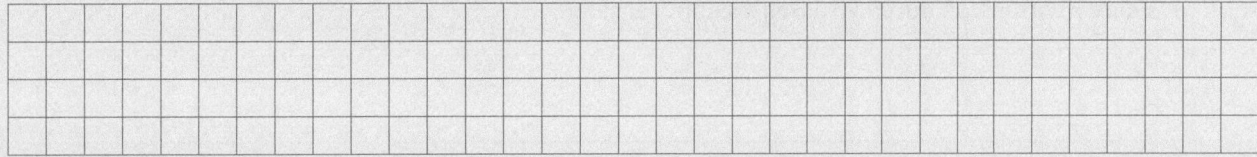

Koordinatensystem

Entsprechend der Erweiterung des Zahlenstrahls zur Zahlengeraden kann man auch das Koordinatensystem erweitern. Möchte man Punkte mit beliebigen rationalen Zahlen als Koordinaten in ein Koordinatensystem eintragen, muss man die Rechtsachse und die Hochachse wie den Zahlenstrahl nach links bzw. nach unten zu einer Zahlengeraden erweitern.

Information

Ein vollständiges **Koordinatensystem** besteht aus zwei Zahlengeraden, die sich orthogonal im Punkt O (0 | 0), dem Ursprung, schneiden.
Die Koordinatenachsen zerlegen die Ebene in vier Bereiche, die sogenannten **Quadranten**. Jeder Punkt, der nicht auf einer der beiden Achsen liegt, gehört genau einem Quadranten an. Der Abbildung kann man entnehmen, wie die Quadranten bezeichnet werden.

Beispiele:
A (3 | 1,5) liegt im 1. Quadranten.
B (– 3,5 | 2) liegt im 2. Quadranten.
C (– 3 | – 1,5) liegt im 3. Quadranten.
D (1 | – 2,5) liegt im 4. Quadranten.

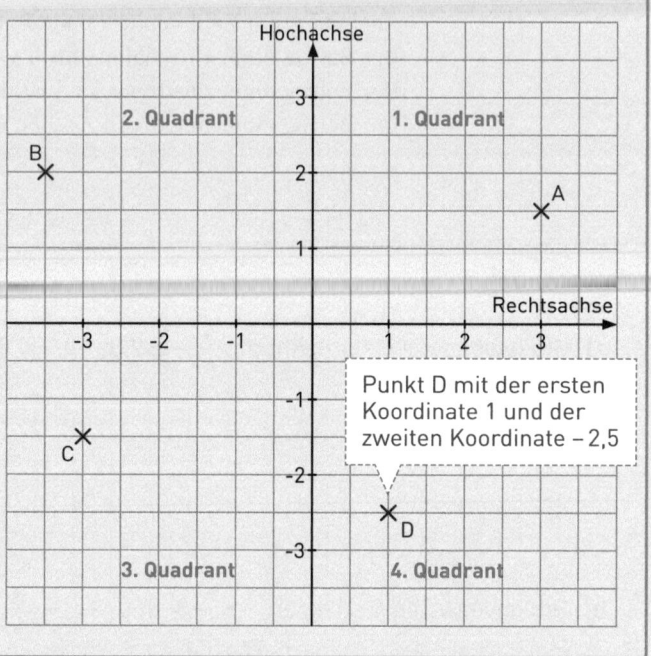

8. **a)** Trage die Punkte A (0,5 | 1), B (3,5 | 1,5) und C (2 | 3) in das Koordinatensystem ein und verbinde sie zu einem Dreieck.

   b) Beschreibe, wie sich die Lage der Punkte verändert, wenn man...
   ... die erste Koordinate durch ihre Gegenzahl ersetzt.

   ....

   ....

   ....

   ....

   ... die zweite Koordinate durch ihre Gegenzahl ersetzt.

   ....

   ....

   ....

   ... beide Koordinaten durch ihre Gegenzahlen ersetzt.

   ....

   ....

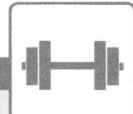

Beschreiben von Zustandsänderungen

Information

Das negative und positive Vorzeichen kann nicht nur als Beschreibung eines Zustands gedeutet werden, sondern auch als **Zustandsänderung**.
Eine Zustandsänderung beschreibt z. B. das Steigen oder Fallen eines Wertes von einem Zustand zu einem anderen.
Das Vorzeichen + bedeutet dabei den Übergang zu einem höheren Zustand (Steigen).
Das Vorzeichen – bedeutet dagegen den Übergang zu einem niedrigeren Zustand (Fallen).

Beispiele:

alter Zustand | neuer Zustand

(1) „Der Kontostand ist von – 250 € auf 400 € gestiegen." Die Zustandsänderung beträgt + 650 €.

(2) „Der Wasserpegel ist von 97,5 cm auf 94,8 cm gefallen." Die Zustandsänderung beträgt – 2,7 cm.

9. Fasse die beiden Zustandsänderungen jeweils zu einer Gesamtänderung zusammen. Achte auf das richtige Vorzeichen.

a) Der Wasserstand in einem Staubecken fällt um 8,5 cm, dann noch einmal um 12 cm.

....

b) Ein Aufzug fährt 6 Etagen hoch, dann wieder 3 Etagen runter.

....

c) Von einem Konto werden 480 € abgebucht und 230 € gutgeschrieben.

....

d) Aus einem Bus steigen 8 Personen aus und 11 Personen wieder ein.

....

Addieren rationaler Zahlen

Information

Die Addition rationaler Zahlen kann man anschaulich als Zusammenfassung zweier Zustandsänderungen auffassen. Dabei muss man unterscheiden, ob die beiden Zustandsänderungen das gleiche oder unterschiedliche Vorzeichen haben.

Sind die Vorzeichen gleich, entspricht das Vorzeichen des Ergebnisses dem Vorzeichen der beiden Zustandsänderungen, d. h. das Vorzeichen bleibt erhalten.
Beispiele: $(+2) + (+3) = (+5)$ und $(-3) + (-4) = (-7)$

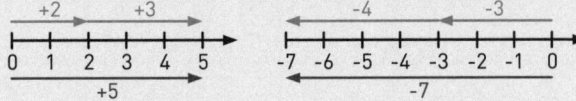

Sind die Vorzeichen unterschiedlich, so kommt es darauf an, ob die positive oder die negative Zahl für die Zustandsänderung „überwiegt".
Die Summe ist positiv, wenn die positive Zahl für die Zustandsänderung überwiegt. Sie ist negativ, wenn die negative Zahl für die Zustandsänderung überwiegt.
Beispiele: $(-4) + (+6) = (+2)$ und $(-7) + (+5) = (-2)$

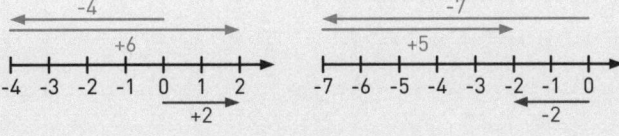

Bei der Zusammenfassung von Zustandsänderungen kommt es also darauf an, ob diese gleich gerichtet sind oder nicht. Wenn man auf den Begriff des Betrags einer Zahl zurückgreift, ergeben sich aus den vorangegangenen Überlegungen folgende Additionsregeln:

Information

> **Additionsregeln für rationale Zahlen:**
> (1) Wenn beide Summanden das gleiche Vorzeichen haben, addiert man die Beträge und setzt beim Ergebnis das gemeinsame Vorzeichen.
>
> > Beide Summanden haben positives Vorzeichen.
>
> > Beide Summanden haben negatives Vorzeichen.
>
> Beispiele: $(+2{,}5) + (+4) = (+6{,}5)$ und $(-1{,}5) + (-6) = (-7{,}5)$
>
> (2) Wenn die beiden Summanden unterschiedliche Vorzeichen haben, subtrahiert man den kleineren von dem größeren Betrag und setzt das Vorzeichen, das bei dem größeren Betrag steht.
>
> Beispiele: $(-4{,}5) + (+2) = (-2{,}5)$ und $(+8) + (-5{,}5) = (+2{,}5)$
>
> > Die negative Zahl hat den größeren Betrag. Das Ergebnis erhält deshalb ein negatives Vorzeichen.

10. Berechne im Kopf.

a) $(+23) + (+17) = $ ....

$(+23) + (-17) = $ ....

$(-23) + (+17) = $ ....

$(-23) + (-17) = $ ....

b) $(-39) + (+14) = $ ....

$(-8) + (-11) = $ ....

$(-26) + (+17) = $ ....

$(-44) + (-44) = $ ....

c) $(-19) + (+30) = $ ....

$(+21) + (-12) = $ ....

$(+21) + (-21) = $ ....

$0 + (-55) = $ ....

11. Berechne.

a) $(-5) + (+0{,}2) = $ ....

$(-3{,}5) + (-4{,}8) = $ ....

$(+3{,}2) + (-2{,}7) = $ ....

b) $\left(-\frac{1}{6}\right) + \left(+\frac{4}{3}\right) = $ ....

$\left(+\frac{11}{12}\right) + \left(-1\frac{1}{6}\right) = $ ....

$\left(-\frac{2}{3}\right) + \left(-\frac{1}{3}\right) = $ ....

c) $(-2\,015) + (+815) = $ ....

$(+2126) + (-3\,000) = $ ....

$(-1111) + (-111) = $ ....

12. Vervollständige die Zahlenmauern. Der obere Stein ergibt sich aus der Addition der beiden unteren Steine.

a)

| 3 | -5 | 7 |

c)

| $-3{,}5$ | $7{,}9$ | $-2{,}6$ |

b)

| $-\frac{1}{8}$ | $-\frac{5}{6}$ | $\frac{3}{4}$ |

d)

| $-\frac{4}{5}$ | $-0{,}6$ | $-3\frac{3}{4}$ |

Subtrahieren rationaler Zahlen

Information

> **Subtraktionsregel für rationale Zahlen**
> Man kann eine rationale Zahl subtrahieren, indem man ihre Gegenzahl addiert. Eine Subtraktion kann man also stets in eine Addition umwandeln und dann die Additionsregeln anwenden.
>
> Beispiele:
> $(+7,5) - (+2) = (+7,5) + (-2) = (+5,5)$
> $\left(+6\frac{1}{2}\right) - (-3) = \left(+6\frac{1}{2}\right) + (+3) = \left(+9\frac{1}{2}\right)$
> $(-5) - (+4) = (-5) + (-4) = (-9)$
> $(-3) - (-6,5) = (-3) + (+6,5) = (+3,5)$

13. Wandle zunächst in eine Addition um und berechne dann im Kopf.

a) $(-3) - (-5)$ = ...   = ...

$(+7,5) - \left(+3\frac{1}{4}\right)$ = ...   = ...

$(+3,1) - (-9,6)$ = ...   = ...

b) $\left(+5\frac{2}{3}\right) - \left(+\frac{4}{3}\right)$ = ...   = ...

$\left(+3\frac{1}{2}\right) - \left(-2\frac{3}{8}\right)$ = ...   = ...

$(+2,69) - (-0,31)$ = ...   = ...

c) $(+6,75) - \left(+13\frac{1}{4}\right)$ = ...   = ...

$(+1025) - (-75)$ = ...   = ...

$(-100) - (-0,1)$ = ...   = ...

14. Vervollständige die Zahlenmauern. Der obere Stein ergibt sich aus der Subtraktion der beiden unteren Steine.

a)

c)
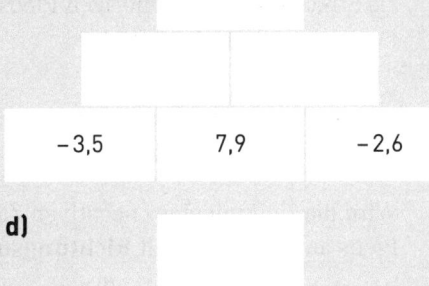

b)
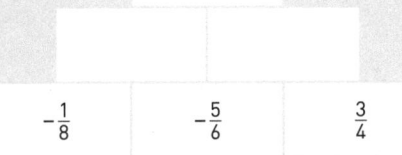

d)
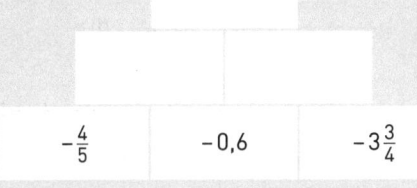

Zahlklammern stehen um eine rationale Zahl mit ihrem Vorzeichen. Häufig lassen sich Terme durch Einsparen von Zahlklammern vereinfachen.

Information

> **Regeln über das Einsparen von Zahlklammern**
> Bei positiven Zahlen darf man die Zahlklammer und das Vorzeichen weglassen.
> Beispiel: $(+3,5) + (+2,5) = 3,5 + 2,5 = 6$
>
> Steht eine negative Zahl am Anfang eines Terms, darf man die Klammer ebenfalls weglassen.
> Beispiel: $(-7,5) - (+2) = -7,5 - (+2) = -9,5$
>
> Wenn in einem Term Rechenzeichen und ein in Klammern stehendes Vorzeichen aufeinandertreffen, kann man diese zu einem Rechenzeichen verschmelzen. Es gilt:
> Sind Rechen- und Vorzeichen gleich, verschmelzen sie zu einem +.
> Sind Rechen- und Vorzeichen unterschiedlich, verschmelzen sie zu einem –.
>
> Beispiele:
>
> gleiche Zeichen ergeben +
>
> unterschiedliche Zeichen ergeben –
>
> $5 + (+2,5) = 5 + 2,5$
> $5 - (-2,5) = 5 + 2,5$
>
> $5 + (-2,5) = 5 - 2,5$
> $5 - (+2,5) = 5 - 2,5$

15. Schreibe den Term zunächst ohne Klammern und berechne dann.

a) $(-25) + (+150)$
$(+12,8) + (-4,9)$

b) $(-6,5) - (-3,5)$
$(-223) + (-3)$

c) $\left(+5\frac{1}{4}\right) - \left(+\frac{3}{4}\right)$
$\left(-\frac{2}{3}\right) - (-1)$

Multiplizieren rationaler Zahlen

Information

> Die Multiplikation einer rationalen Zahl mit einer positiven Zahl lässt sich anschaulich deuten als Streckung des zugehörigen Pfeils.
> Beispiel: $(-2,5) \cdot (+4) = (-10)$
>
>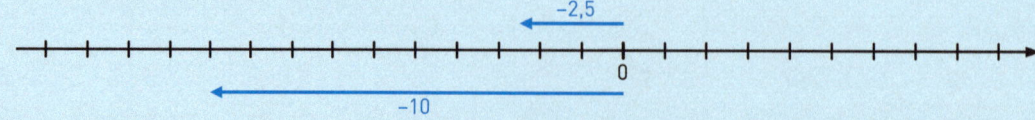
>
> Wird die Zahl mit einer negativen Zahl multipliziert, so wird ein Strecken des zugehörigen Pfeils am Nullpunkt mit **Richtungsumkehr** durchgeführt.
> Beispiel: $\left(+4\frac{1}{2}\right) \cdot (-2) = (-9)$
>
>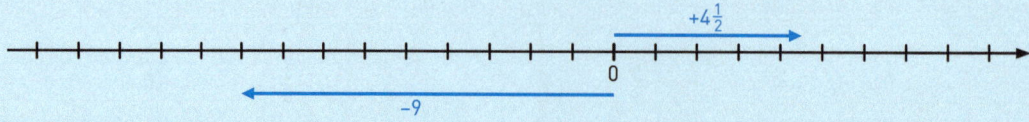

Information

Beim Multiplizieren rationaler Zahlen sind die folgenden Regeln zu beachten:
Sind die Vorzeichen der beiden Faktoren gleich, so ist das Produkt positiv.

Beispiele: $(+3) \cdot \left(+\frac{3}{4}\right) = \left(+2\frac{1}{4}\right)$ und $(-2,4) \cdot (-3) = (+7,2)$

Plus mal plus ergibt plus.
Minus mal minus ergibt plus.
Plus mal minus ergibt minus.
Minus mal plus ergibt minus.

Sind die Vorzeichen der Faktoren unterschiedlich, so ist das Produkt negativ.
Beispiel: $(-3) \cdot (+4) = (-12)$ und $(+5) \cdot (-3) = (-15)$

Multipliziert man eine rationale Zahl mit -1, so erhält man ihre Gegenzahl.

16. Berechne im Kopf.

a) $(-3) \cdot 6 =$ ....

$5 \cdot (-7) =$ ....

$(-8) \cdot (-11) =$ ....

b) $(-3) \cdot (-1,4) =$ ....

$(0,05) \cdot 0,7 =$ ....

$1,2 \cdot (-0,8) =$ ....

c) $(-60) \cdot \frac{3}{20} =$ ....

$(-40) \cdot \left(-\frac{7}{20}\right) =$ ....

$\frac{3}{4} \cdot (-60) =$ ....

17. Vervollständige die Zahlenmauern. Der obere Stein ergibt sich immer aus der Multiplikation der beiden unteren Steine.

a)

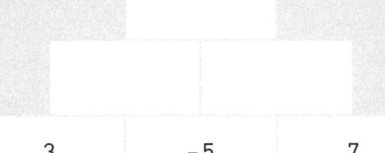

3   −5   7

c)

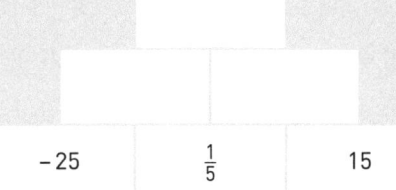

−25 $\frac{1}{5}$ 15

b)

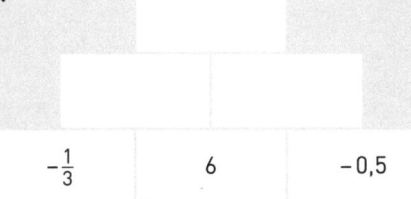

$-\frac{1}{3}$ 6   −0,5

d)

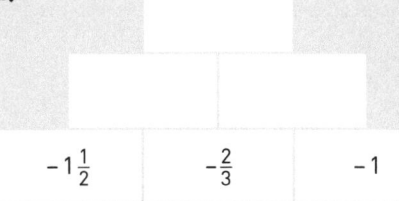

$-1\frac{1}{2}$ $-\frac{2}{3}$ −1

18. Berechne die Potenzen.

a) $(-1)^{44} =$ ....

$(-1)^{101} =$ ....

$\left(-\frac{1}{3}\right)^{2} =$ ....

b) $(-0,5)^{3} =$ ....

$(+5)^{3} =$ ....

$(-4)^{0} =$ ....

Potenzen können auch eine rationale Zahl als Basis haben:

$$(-3)^4 = (-3) \cdot (-3) \cdot (-3) \cdot (-3) = 81$$

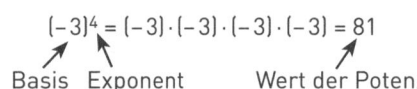

Basis Exponent   Wert der Potenz

Potenzen mit dem Exponent 0 haben immer den Wert 1.

Dividieren rationaler Zahlen

Information

Beim Dividieren rationaler Zahlen sind die folgenden Regeln zu beachten:
Sind die Vorzeichen von Dividend und Divisor gleich, erhält man einen Quotienten mit positivem Vorzeichen.

| Dividend | Divisor | Quotient |

> Plus durch plus ergibt plus.
> Minus durch minus ergibt plus.
> Plus durch minus ergibt minus.
> Minus durch plus ergibt minus.

Beispiele: $(+1{,}5):(+3) = (+0{,}5)$ und $(-2{,}4):(-3) = (+0{,}8)$

Sind die Vorzeichen von Dividend und Divisor unterschiedlich, erhält man einen Quotienten mit negativem Vorzeichen.
Beispiele: $(-12):(+4) = (-3)$ und $\left(+4\frac{1}{2}\right):(-3) = \left(-1\frac{1}{2}\right)$

Wenn der Divisor eine gebrochene Zahl ist, dann wandelt man die Division um in eine Multiplikation mit dem Kehrwert des Divisors.

Beispiele: $(+3):\left(+\frac{3}{4}\right) = (+3)\cdot\left(+\frac{4}{3}\right) = (+4)$

19. Berechne im Kopf.

a) $18:(-3) =$ ....

$(-72):12 =$ ....

$(-55):(-11) =$ ....

b) $(-60):\frac{1}{5} =$ ....

$(-35):\left(-\frac{7}{10}\right) =$ ....

$\frac{1}{4}:(-2) =$ ....

c) $8{,}4:(-3) =$ ....

$(-10):2{,}5 =$ ....

$(-4{,}2):(-1{,}4) =$ ....

20. Berechne die Doppelbrüche.

a) $\dfrac{\frac{3}{8}}{-\frac{9}{32}} =$ ....

b) $\dfrac{-2\frac{2}{5}}{-\frac{3}{15}} =$ ....

> Bruchstrich durch Divisionszeichen ersetzen

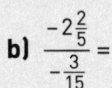

$$\dfrac{\frac{5}{7}}{\frac{3}{4}} = \frac{5}{7}:\frac{3}{4} = \frac{5}{7}\cdot\frac{4}{3} = \frac{20}{21}$$

Rechengesetze für die Addition und Multiplikation rationaler Zahlen

Die bereits bekannten Gesetze für das Rechnen mit natürlichen und gebrochenen Zahlen gelten auch für rationale Zahlen.

Information

Kommutativgesetz (Vertauschungsgesetz)

... der Addition:
Für die rationalen Zahlen a und b gilt stets:
$a + b = b + a$.

In einer Summe darf man auch bei rationalen Zahlen die Summanden vertauschen. Dabei ändert sich der Wert der Summe nicht.
Beispiel:
$(+5{,}4) + (-3) = (-3) + (+5{,}4)$

... der Multiplikation:
Für die rationalen Zahlen a und b gilt stets:
$a\cdot b = b\cdot a$.

In einem Produkt darf man auch bei rationalen Zahlen die Faktoren vertauschen. Dabei ändert sich der Wert des Produktes nicht.
Beispiel:
$(+5{,}4)\cdot(-3) = (-3)\cdot(+5{,}4)$

Information

Assoziativgesetz (Verbindungsgesetz)

... der Addition:

Für die rationalen Zahlen a, b und c gilt stets:
$(a + b) + c = a + (b + c) = a + b + c.$

In einer Summe aus drei Summanden kann man Klammern beliebig setzen. Der Wert der Summe ist von der Stellung der Klammern unabhängig. Man darf die Klammern deshalb auch weglassen.

Beispiel:
$$\left(\frac{1}{3} + \frac{3}{8}\right) + \frac{4}{7} = \frac{1}{3} + \left(\frac{3}{8} + \frac{4}{7}\right) = \frac{1}{3} + \frac{3}{8} + \frac{4}{7}$$

... der Multiplikation:

Für die rationalen Zahlen a, b und c gilt stets:
$(a \cdot b) \cdot c = a \cdot (b \cdot c) = a \cdot b \cdot c.$

In einem Produkt aus drei Faktoren kann man Klammern beliebig setzen. Der Wert des Produktes ist von der Stellung der Klammern unabhängig. Man darf die Klammern deshalb auch weglassen.

Beispiel:
$$\left(5 \cdot (-1,5)\right) \cdot (-2) = 5 \cdot \left((-1,5) \cdot (-2)\right)$$
$$= 5 \cdot (-1,5) \cdot (-2)$$

Kommutativgesetze und Assoziativgesetze dürfen nur bei gleichartigen Teiltermen (Summanden oder Faktoren) angewendet werden.

21. Berechne vorteilhaft.

a) $2\frac{1}{3} + \left(-5\frac{2}{5}\right) + 7\frac{2}{3}$

$3{,}44 + 2{,}55 + (-5{,}44)$

b) $(-4) \cdot (-36) \cdot (-25)$

$\frac{1}{5} \cdot \left(-\frac{1}{3}\right) \cdot \left(-\frac{3}{2}\right)$

c) $6\frac{1}{2} + \left(-2\frac{4}{7}\right) + \left(-3\frac{3}{7}\right)$

$\left(-\frac{3}{4}\right) \cdot \left(-\frac{5}{7}\right) \cdot 4$

Information

Rechenvorteile durch Vertauschen von Additions- und Subtraktionsschritten
Da man die Subtraktion einer rationalen Zahl auch als Addition ihrer Gegenzahl deuten kann, darf man aufeinanderfolgende Additions- und Subtraktionsschritte vertauschen. Dabei ändert sich der Wert des Terms nicht.

Für die rationalen Zahlen a, b und c gilt stets:

$a + b - c = a - c + b$ bzw.
$a - b - c = a - c - b$

Beispiele:
$(+5) + (-7) - (-2) = (+5) - (-2) + (-7)$
$(-4) - (+6) - (-8) = (-4) - (-8) - (+6)$
$3 - 7 + 8 - 2 = 3 + 8 - 7 - 2$

22. Berechne vorteilhaft.

a) $(-23) - (-11) + (-7)$

b) $-\frac{1}{4} - \frac{3}{8} + \frac{3}{4}$

c) $2{,}6 - 8{,}8 + 7{,}4 - 1{,}2$

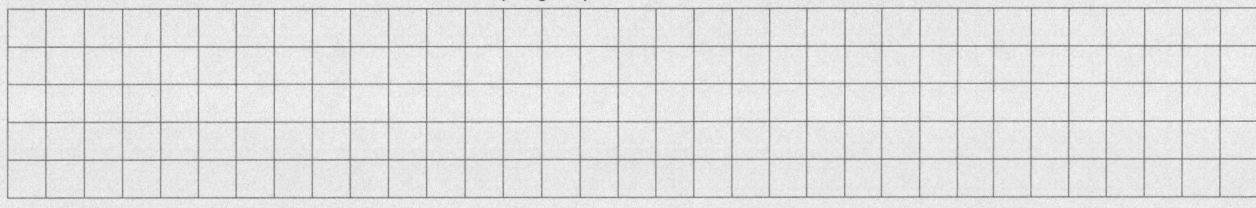

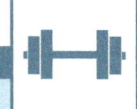

Information

Distributivgesetz (Verteilungsgesetz) für rationale Zahlen

Beispiele:

Für die rationalen Zahlen a, b und c gilt stets
$a \cdot (b + c) = a \cdot b + a \cdot c.$

$$(-4) \cdot (2,5 + (-1)) = (-4) \cdot 2,5 + (-4) \cdot (-1)$$

Da man die Faktoren in einem Produkt vertauschen darf, gilt auch:
$(a + b) \cdot c = a \cdot c + b \cdot c.$

$$\left(\frac{1}{3} + \left(-\frac{1}{6}\right)\right) \cdot 6 = \frac{1}{3} \cdot 6 + \left(-\frac{1}{6}\right) \cdot 6$$

Anstelle der Summe darf auch eine Differenz stehen:
$a \cdot (b - c) = a \cdot b - a \cdot c.$

$$4 \cdot \left(-0,25 - \frac{3}{8}\right) = 4 \cdot (-0,25) - 4 \cdot \frac{3}{8}$$

Außerdem gilt:
$(a + b) : c = a : c + b : c$ und
$(a - b) : c = a : c - b : c.$

$$(1 + (-8)) : (-4) = 1 : (-4) + (-8) : (-4)$$
$$\left(-2,5 - \frac{5}{6}\right) : 5 = -2,5 : 5 - \frac{5}{6} : 5$$

23. Berechne. Notiere bei jeder Rechnung einen Zwischenschritt.

a) $7 \cdot \left(5 + \frac{2}{7}\right)$　　**b)** $\left(12 - \frac{2}{3}\right) \cdot 6$　　**c)** $(-8) \cdot \left(2 + \frac{1}{4}\right)$　　**d)** $\left(\frac{1}{3} - \frac{1}{4}\right) \cdot (-12)$

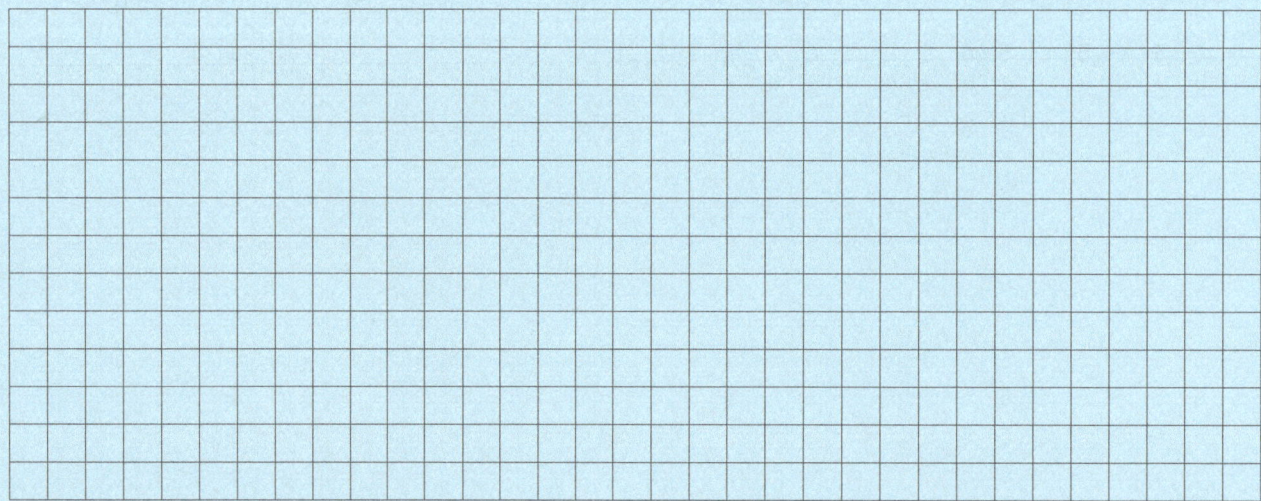

24. Berechne. Notiere bei jeder Rechnung einen Zwischenschritt.

a) $2 \cdot (-7) + 2 \cdot 8$　　**b)** $(-12) \cdot 4 + (-12) \cdot (-2)$　　**c)** $21 \cdot 7 - 21 \cdot 5$　　**d)** $\left(-\frac{1}{2}\right) \cdot \frac{2}{3} + \frac{2}{3} \cdot \frac{1}{2}$

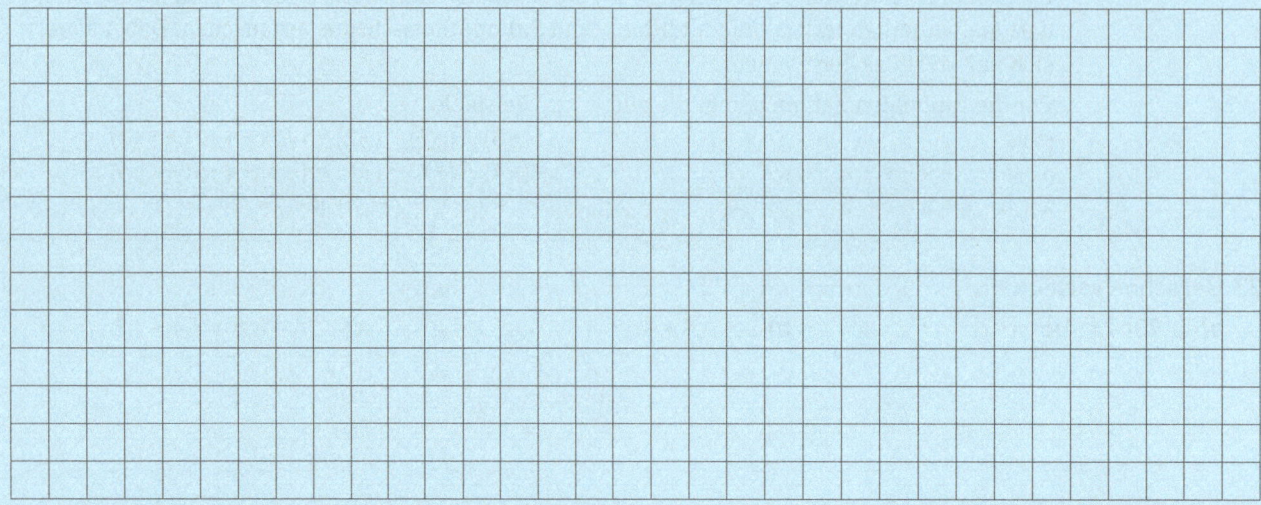

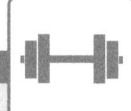

Information

Vorrangregeln für das Berechnen von Termen mit rationalen Zahlen

Es gelten dieselben Vorrangregeln wie bei den natürlichen und gebrochenen Zahlen.

Beispiel:

(1) „Klammern haben Vorfahrt!"
Bei geschachtelten Klammern wird von innen nach außen gerechnet.

$[(5 - 7)^3 : 8 + 2{,}8] : (-3)$ ⇠ innere Klammer zuerst

(2) Dann werden Potenzen berechnet.

$= [(-2)^3 : 8 + 2{,}8] : (-3)$ ⇠ Potenz berechnen

(3) „Punkt- vor Strichrechnung"

$= [(-8) : 8 + 2{,}8] : (-3)$ ⇠ Punkt- vor Strichrechnung

$= (-1 + 2{,}8) : (-3)$ ⇠ Klammer berechnen

(4) Ansonsten wird von links nach rechts gerechnet.

$= 1{,}8 : (-3)$ ⇠ von links nach rechts

$= -0{,}6$

25. Berechne. Kürze im Ergebnis auftretende Brüche soweit wie möglich.

a) $-(19 + 3^4) \cdot (-10)^3$

c) $\left(3 - 4 : (-2)^3\right) : \left(-\frac{3}{4} \cdot 5\right)$

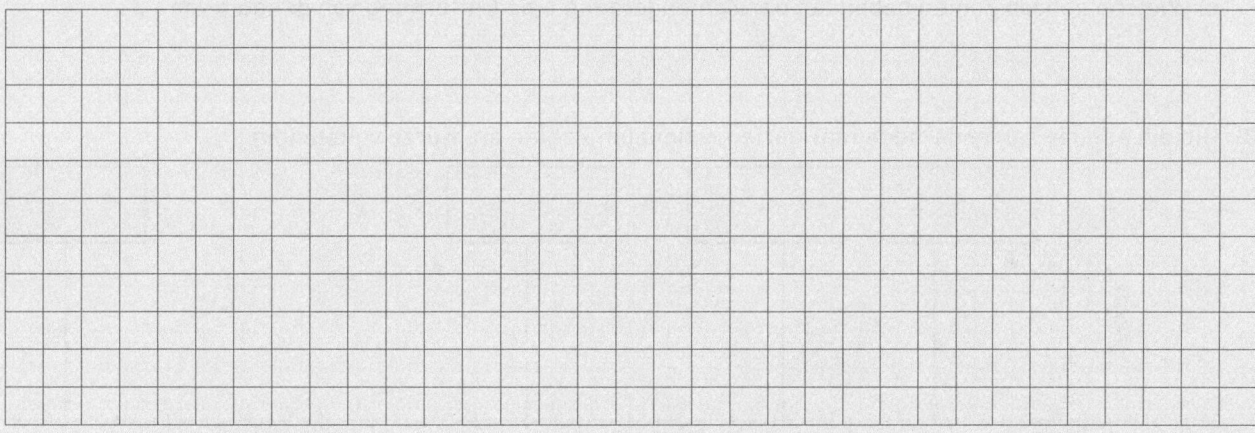

b) $(4 - 14 + 2 \cdot 0{,}5^2) - 9 \cdot 0{,}5$

d) $\left(27 : \left(-\frac{9}{4}\right)\right) : 8 + \frac{5}{3} \cdot \left((-9) : (5 : 2)\right)$

45
min

Beginn: .... Ende: ....

Klassenarbeit 4.1

Themen: Anordnung, Rechnen mit rationalen Zahlen, proportionale und antiproportionale Zuordnungen

1. Ordne die rationalen Zahlen. Verwende das Zeichen <.

a) $-\frac{2}{3}; -\frac{2}{7}; -\frac{2}{9}; -\frac{2}{5}$

b) $-\frac{1}{4}; \frac{1}{6}; -\frac{1}{8}; \frac{1}{10}$

4

2. a) Gib vier Zahlen an, die zwischen -11 und -13 liegen.

....

b) Welche natürlichen Zahlen haben auf der Zahlengeraden eine Entfernung von höchstens drei von -2?

....

c) Welche ganzen Zahlen haben auf der Zahlengeraden eine Entfernung von genau 5 von -3?

4

....

3. Gib die auf der Zahlengeraden markierten rationalen Zahlen an. Kürze vollständig.

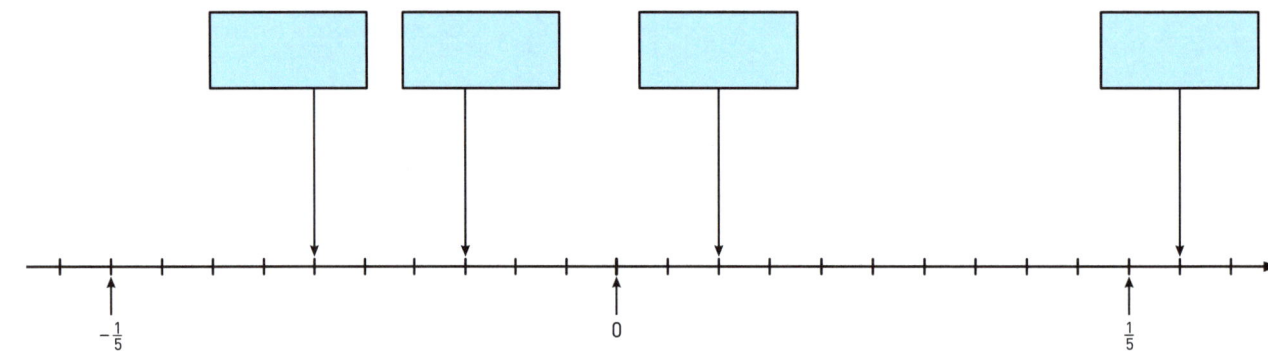

4

4. Berechne. Kürze im Ergebnis auftretende Brüche vollständig.

a) $(-3) \cdot (+17) =$ ....

$(-72) : (-9) =$ ....

$(-32) + (-18) =$ ....

$(-21) - (+16) =$ ....

b) $(-7,2) : (-9) =$ ....

$(-0,6) \cdot (-0,3) =$ ....

$(+6,3) : (-0,7) =$ ....

12

$(-3)^3 =$ ....

c) $\left(-\frac{8}{9}\right) \cdot \frac{3}{7} \cdot \left(-\frac{7}{4}\right) =$ ....

$\frac{5}{7} : (-2) =$ ....

$\left(-\frac{6}{21}\right)^0 =$ ....

$\left(-\frac{1}{5}\right) - \left(-\frac{1}{3}\right) =$ ....

5. Herrn Tysiaks Konto weist einen Kontostand von – 837,97 € auf.

  a) Welchen Betrag kann Herr Tysiak noch abheben, wenn er sein Konto bis maximal –1500 € überziehen darf?

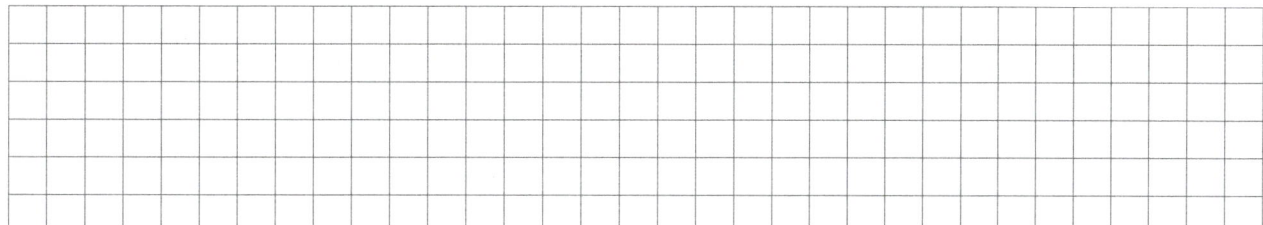

  b) Statt noch mehr Geld abzuheben, wartet Herr Tysiak den Eingang seines monatlichen Gehaltes ab. Wie hoch ist sein Monatsgehalt, wenn der Kontostand nach Gehaltseingang 985,46 € beträgt?

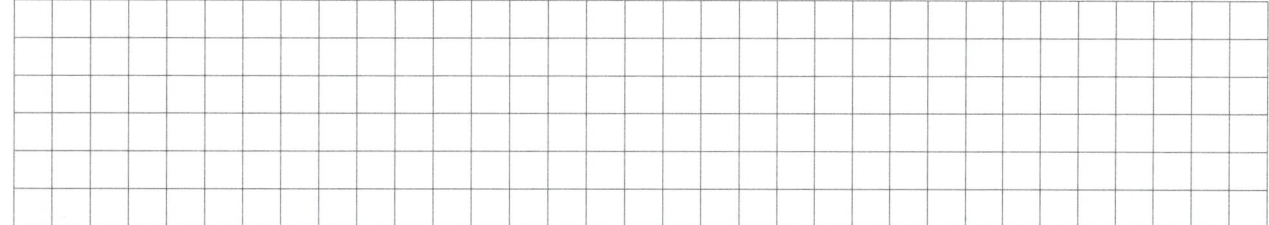

  c) Unmittelbar nach Eingang des Monatsgehaltes werden folgende Buchungen vorgenommen: Die Miete in Höhe von 539 €, die Rate für das Auto in Höhe von 275 € und Versicherungsbeiträge in einer Gesamthöhe von 189,90 €. Welchen Kontostand weist das Konto nach diesen Buchungen auf?

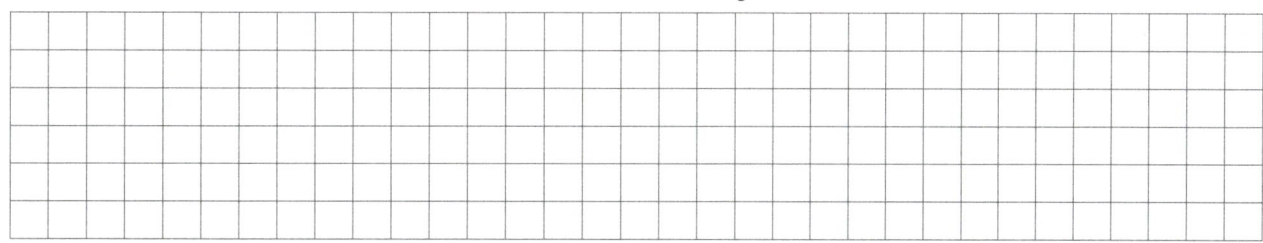

6

6. Entscheide zunächst, ob die in den Tabellen angegebenen Größen proportional oder antiproportional zueinander sind. Ergänze dann die fehlenden Werte.

a)

Anzahl der Bagger	1	6	8		16
benötigte Zeit (in Tagen)			12	24	

Die Tabelle gehört zu einer .... Zuordnung.

b)

Zeit (in h)		1	3	6	
zurückgelegte Strecke (in km)	45		270		720

Die Tabelle gehört zu einer .... Zuordnung.

5

35 – 26,5 Punkte	26 – 17,5 Punkte	17 – 0 Punkte
☺	😐	☹

Gesamtpunktzahl 35

45 min

Klassenarbeit 4.2

Themen: Anordnung und Betrag, Terme und Rechengesetze, Winkel an Geradenkreuzungen (Wdh.)

1. Berechne die folgenden Terme. Kürze im Ergebnis auftretende Brüche soweit wie möglich.

a) $4\frac{1}{2} \cdot \left(-\frac{4}{9}\right) \cdot \left(-\frac{2}{6}\right)$

b) $\dfrac{-2\frac{3}{5}}{\frac{39}{15}}$

4

2. Gib wie im Beispiel zu jeder Zahl die nächstkleinere und die nächstgrößere ganze Zahl an.

$$-2 < -1\tfrac{5}{7} < -1$$

a) $+2,5$: ....

c) $-99,4$: ....

e) $-0,5$: ....

b) $0,5$: ....

d) $-\frac{31}{3}$: ....

f) $-\frac{7}{6}$: ....

6

3. Schreibe ohne Klammern und berechne.

a) $(-7,3) + (-3,9)$

b) $\left|-3\frac{3}{5}\right| + 5\frac{2}{5}$

c) $\left(-\frac{4}{7}\right) - \left(-\frac{7}{4}\right)$

d) $(-13,4) - (+15,8)$

8

4. Berechne schrittweise.

a) $|-8| \cdot |+3| - |+6| \cdot |-4|$

c) $-7 \cdot (-3 - 7) + (-12 - 13) \cdot (-4)$

b) $346 + (13 - 15)$

d) $(-4)^3 \cdot (3 + 81 : 3)$

8

5. Stelle einen Term auf und berechne.

a) Subtrahiere –7 von der Differenz der Zahlen –7 und 7.

b) Multipliziere den Quotienten aus –64 und 16 mit der Summe der Zahlen –64 und 16.

c) Addiere die Gegenzahl von 2 zur dreifachen Summe der Zahlen –34 und 78.

....
6

6. Nach starken Regenfällen stieg das Wasser in einem Fluss 3 Stunden lang durchschnittlich um 7,4 cm pro Stunde. Dann stieg es noch 4 Stunden lang mit 3,1 cm pro Stunde. 2 Stunden blieb das Wasser auf dem Höchststand und fiel dann $5\frac{1}{2}$ Stunden lang durchschnittlich um 4,6 cm pro Stunde.

a) Berechne, um wie viel sich der Wasserstand in dem beobachteten Zeitraum insgesamt verändert hat.

b) Vor den Regenfällen befand sich der Pegel 15,7 cm unter dem normalen Pegelstand.
Was kannst du über den Pegelstand des Flusses nach dem beobachteten Zeitraum sagen?

....
4

7. Wie groß ist α + β?

a)

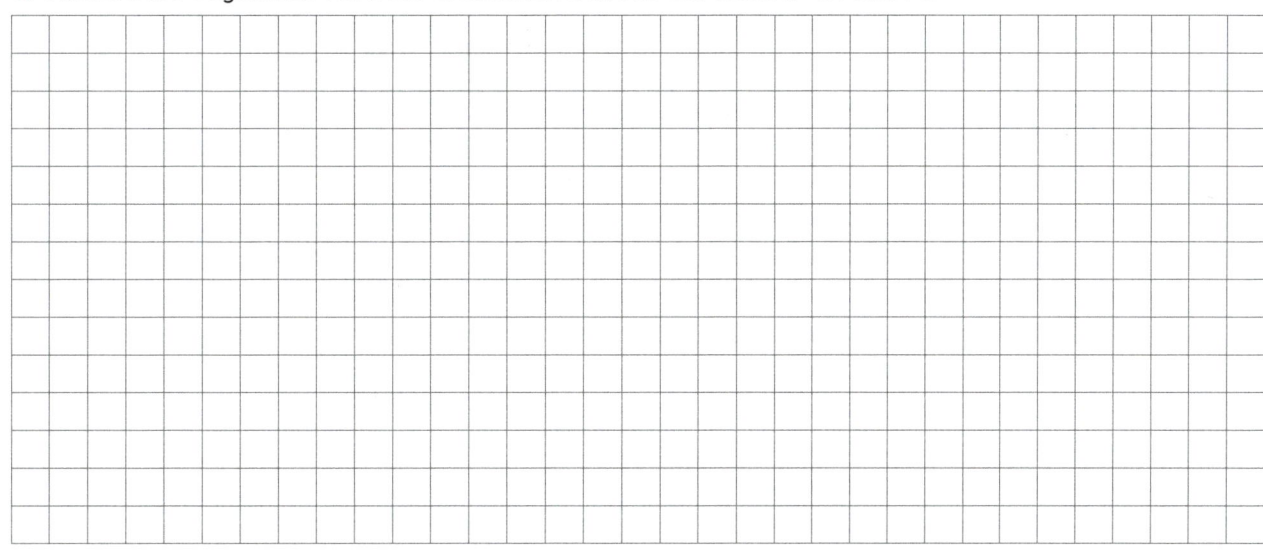

α + β = ...

b)

α + β = ...

....
3

39 – 29,5 Punkte	29 – 20 Punkte	19,5 – 0 Punkte
☺	😐	☹

Gesamtpunktzahl **39**

45 min

Klassenarbeit 4.3

Themen: Anordnung und Betrag, Terme berechnen, Rechengesetze, Sachaufgabe

1. a) Ordne die Zahlen 3; $-2\frac{1}{2}$; $-1,3$; $3,5$; -5; $-0,6$; $-\frac{7}{2}$; $-3\frac{2}{5}$ nach aufsteigender Größe.

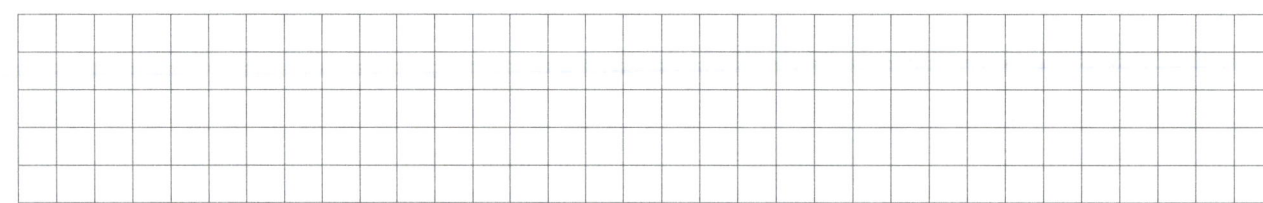

b) Ordne die Beträge der Zahlen aus Aufgabenteil a) nach aufsteigender Größe.

8

2. Stelle die Zahlen auf einer Zahlengeraden dar. Achte auf eine günstige Einteilung.

$-\frac{1}{4}$; $\frac{13}{6}$; -2; $\frac{1}{6}$; $0,\overline{6}$; $-1,5$; $-1\frac{2}{3}$; $1\frac{1}{3}$

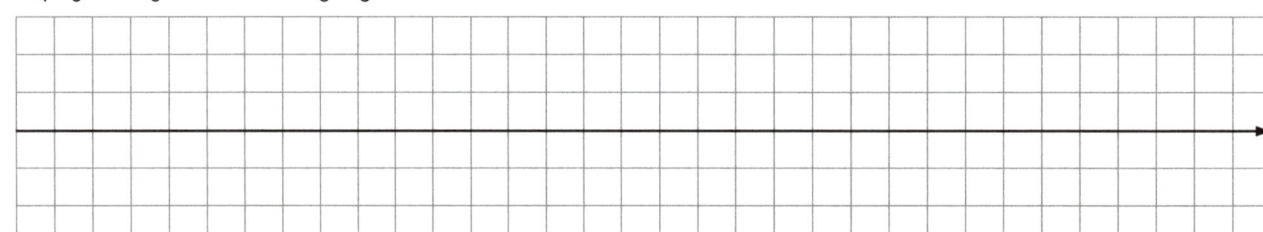

4

3. Vergleiche die beiden Zahlen und setze < oder > ein.

4

a) -110 ☐ -87 　　**b)** 35 ☐ $|-36|$ 　　**c)** $-0,009$ ☐ $-0,90$ 　　**d)** $-3,1$ ☐ $-3,01$

4. Setze eine passende Zahl in das Kästchen ein.

a) $-14 - $ ☐ $= 28$ 　　**c)** $(-72) : $ ☐ $= 9$ 　　**e)** $(-8) \cdot $ ☐ $= -88$

6

b) $(-1)^{☐} \cdot (-5) = 5$ 　　**d)** $4 + $ ☐ $= -10$ 　　**f)** $60 : $ ☐ $= -5$

5. Kreuze die richtigen Aussagen an und widerlege die falschen Aussagen durch ein Gegenbeispiel.

☐ (1) Der Betrag einer negativen Zahl ist immer kleiner als der Betrag einer positiven Zahl.

☐ (2) Die Summe zweier negativer Zahlen ist immer positiv.

☐ (3) Die Gegenzahl des Betrags einer beliebigen Zahl ist immer negativ.

☐ (4) Die Summe aus einer Zahl und ihrer Gegenzahl ist größer als 0.

☐ (5) Wenn genau ein Faktor negativ ist und alle anderen Faktoren positiv sind, dann ist das Produkt negativ.

☐ (6) Die Gegenzahl von $17 - 29$ ist $29 - 17$.

☐ (7) Das Produkt aus einer Zahl und ihrer Gegenzahl ist immer positiv.

☐ (8) Es gibt Zahlen, deren Gegenzahl größer ist als die Zahl selbst.

Gegenbeispiele:

4

6. Berechne vorteilhaft.

a) $(-27) + (+16) + (+27) + (-16) + (-27)$

d) $(-13) + (-13) + (-13) + (-13) + (-13)$

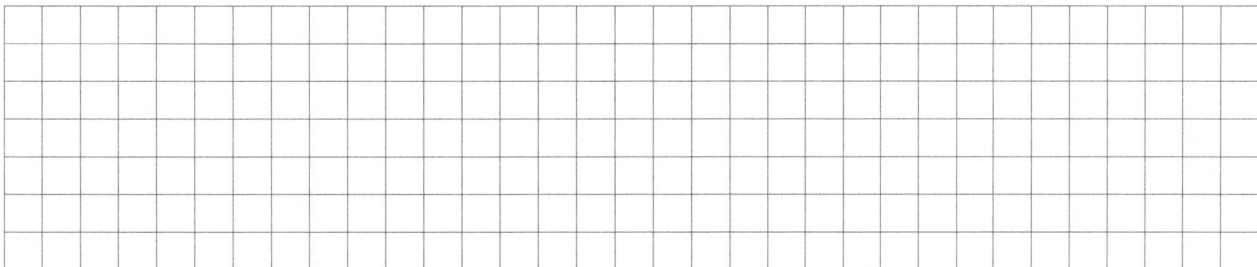

b) $(-2,7) \cdot 1,45 + (-7,3) \cdot 1,45$

e) $(-8) \cdot \left(-\frac{1}{8} + \left(-\frac{1}{4}\right)\right)$

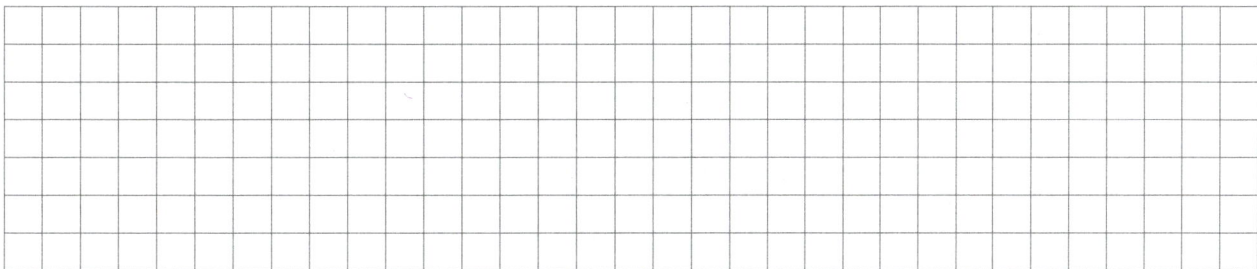

c) $(+7) \cdot \left(-\frac{3}{5}\right) \cdot \left(-\frac{2}{7}\right) \cdot (-5)$

f) $18\frac{6}{11} : (-6)$

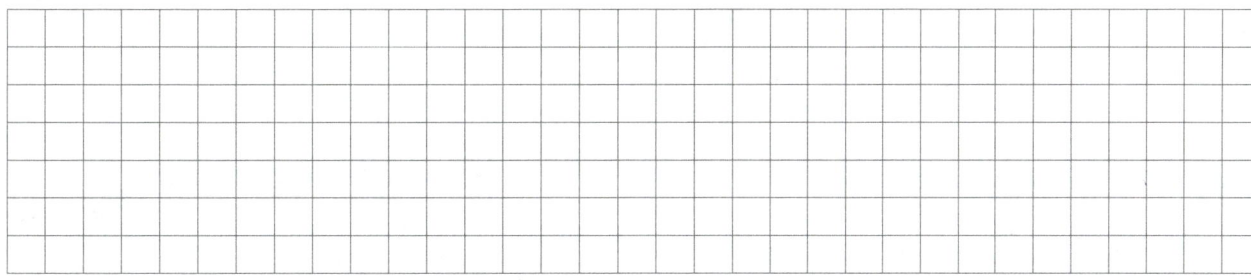

12

7. Der Schmelzpunkt (oder auch Gefrierpunkt) von Quecksilber beträgt etwa $-38,83°C$ und der Siedepunkt etwa $356,85°C$. Deshalb kann man mit einem Quecksilberthermometer Temperaturen in diesem Bereich messen.

a) Berechne die Temperaturspanne, innerhalb der ein Quecksilberthermometer Temperaturen messen kann.

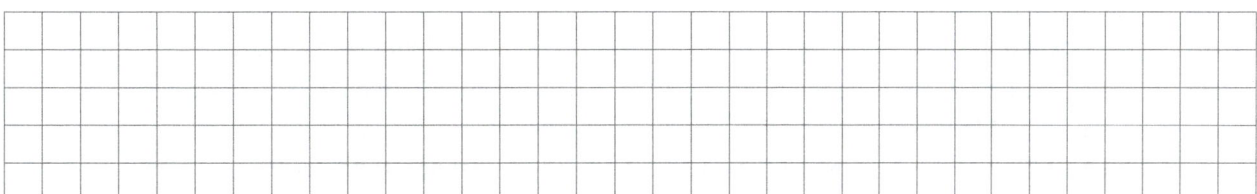

b) Der absolute Nullpunkt liegt bei $-273,15°C$. Berechne, um wie viel Grad Celsius der Schmelzpunkt und der Siedepunkt von Quecksilber über dem absoluten Nullpunkt liegen.

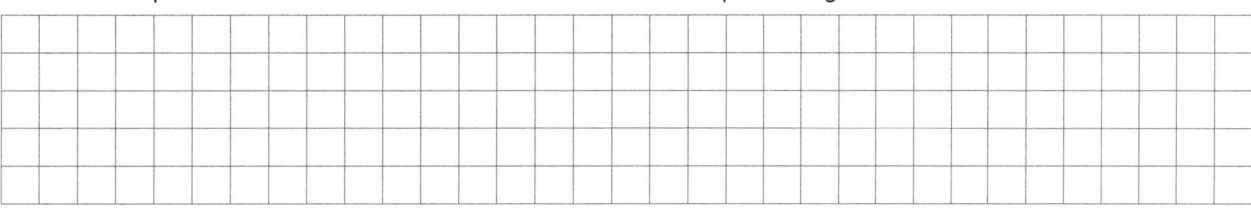

6

44 – 33 Punkte	32,5 – 22 Punkte	21,5 – 0 Punkte
☺	😐	☹

Gesamtpunktzahl 44

5. Zufall und Wahrscheinlichkeit

Zum Aufwärmen: Verstehen und Üben

Zufallsexperimente

Information

Zufallsexperimente sind Versuche mit folgenden Eigenschaften:

1. Alle möglichen Ergebnisse sind vor dem Versuch bekannt. Sie können in der **Ergebnismenge** S zusammengefasst werden.
2. Man kann **nicht** vorhersagen, welches der Ergebnisse bei der Durchführung eines Versuches auftritt.
3. Der Versuch kann unter gleichen Bedingungen beliebig oft wiederholt werden.

Empirisches Gesetz der großen Zahlen

Bei großer Versuchsanzahl schwanken die relativen Häufigkeiten eines Ergebnisses immer weniger um einen festen Wert.

Diesen festen Wert nennt man **Wahrscheinlichkeit** für das Auftreten dieses Ergebnisses.

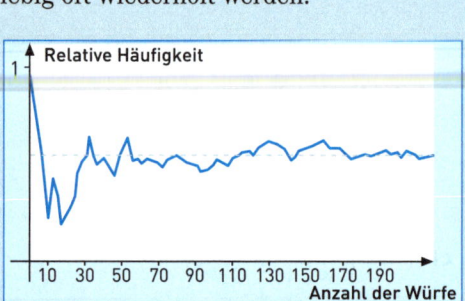

Wahrscheinlichkeiten geben an:
- die Gewinnchance beim Spiel
- zu erwartende relative Häufigkeiten bei großer Versuchsanzahl.

Die Wahrscheinlichkeit hat das Formelzeichen P.

> **Zur Erinnerung:**
> Die relative Häufigkeit ist der Quotient aus der absoluten Häufigkeit und der Gesamtanzahl der durchgeführten Versuche.

1. Entscheide, ob es sich bei folgenden Versuchen um Zufallsexperimente handelt. Kreuze an.

	Ja	Nein
a) Die Klasse 7a untersucht, welche Körper von Magneten angezogen werden.	☐	☐
b) Marina erhitzt verschiedene Säfte und misst die Siedetemperatur.	☐	☐
c) Jannik nimmt an einem Wettbewerb im Dosenwerfen teil.	☐	☐
d) Emil dreht das Glücksrad.	☐	☐

2. Jonas' Fußballtrainer geht davon aus, dass Jonas beim 11-Meter-Schießen eine Trefferwahrscheinlichkeit von 60 % hat.

    a) Beschreibe, auf welche Weise der Trainer zu seiner Aussage gelangt sein könnte.

    b) Geh davon aus, dass die Aussage richtig ist. Jonas will 8 Treffer erreichen.
       Wie viele Versuche erwartest du dafür?

    c) Wie viele Treffer kann er (im Mittel) erwarten, wenn er 20-mal schießen darf?

....

....

....

....

....

3. Nenne ein Spiel, bei dem **a)** nur der Zufall, **b)** Geschick und Zufall über das Spielergebnis entscheiden.

....

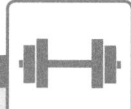
Ereignisse und ihre Wahrscheinlichkeiten

Alle nachfolgenden Begriffe und Regeln werden am Beispiel eines regulären Würfels erklärt.

Information

Ein **Ereignis** E ist eine Zusammenfassung von Ergebnissen mit bestimmten Eigenschaften.
Beispiel: Ereignis: Würfeln einer geraden Zahl E = {2, 4, 6}

Ein **Gegenereignis** $\overline{E}$ enthält alle Ergebnisse der Ergebnismenge S, die nicht zu E gehören.
Beispiel: Ereignis: Würfeln einer geraden Zahl, Gegenereignis: $\overline{E}$ = {1, 3, 5}

Erfüllt **kein** Ergebnis eines Zufallsexperiments die Bedingung des Ereignisses, so spricht man vom **unmöglichen Ereignis**. Man schreibt dann E = { }.
Beispiel: Das Würfelergebnis ist durch 7 teilbar. Das trifft auf keines der sechs Ergebnisse zu, ist also unmöglich, d.h. E = { }.

Erfüllen **alle** Ergebnisse der Ergebnismenge die Bedingung des Ereignisses, so handelt es sich um ein **sicheres Ereignis**.
Beispiel: Ereignis: Werfen einer natürlichen Zahl ≠ 0, die kleiner als 7 ist. E = {1, 2, 3, 4, 5, 6}
Die Wahrscheinlichkeit eines sicheren Ereignisses beträgt 1.

Information

Summenregel:
Man erhält die Wahrscheinlichkeit eines Ereignisses, indem man die Wahrscheinlichkeiten der zum Ereignis gehörenden Ergebnisse addiert.

Ereignis: „gerade Augenzahl" E_1 = {2, 4, 6}, $P(E_1) = P(2) + P(4) + P(6) = \frac{1}{6} + \frac{1}{6} + \frac{1}{6} = \frac{3}{6} = \frac{1}{2}$

Komplementärregel:
Für die Wahrscheinlichkeiten eines Ereignisses und seines Gegenereignisses gilt:
$P(E) + P(\overline{E}) = 1$
Beide Wahrscheinlichkeiten ergänzen sich zu 1.

4. Ein Glücksrad enthält 12 gleich große Sektoren mit den Zahlen 0 bis 11.

a) Gib die Ergebnismenge an. ....

b) Nenne die Ergebnisse, die zu folgenden Ereignissen gehören.

E_1: Drehen einer durch 3 teilbaren Zahl ....

E_2: Drehen einer Primzahl ....

E_3: Drehen einer Zahl zwischen 3 und 10 ....

c) Ordne den folgenden Ereignissen die Begriffe unmögliches Ereignis, sicheres Ereignis und Komplementärereignis zu.

E_4 = {0, 1, 2, 3, 4, 5} ....

E_5 = { } ....

E_6 = {6, 7, 8, 9, 10, 11} ....

E_7 = {0, 1, 2, 3, 4, 5, 6, 7, 8, 9, 10, 11} ....

d) Bestimme die Wahrscheinlichkeiten der Ereignisse E_1 bis E_7.

....

....

....

5. Anna und Maxine unterhalten sich:

Anna: „Wir haben heute mit einem Legowürfel experimentiert. Dabei haben wir festgestellt, dass die Wahrscheinlichkeit, eine 1 zu würfeln, bei 0,48 liegt."

Maxine: „Dann ist die Wahrscheinlichkeit dafür, keine 1 zu würfeln, ja auch 0,48."

Was sagst du dazu?

....

....

Laplace-Experimente

Information

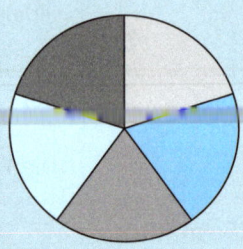

Bei einem **Laplace-Experiment** sind alle Ergebnisse gleich wahrscheinlich. Bezeichnet man die Anzahl der möglichen Ergebnisse mit n, so beträgt die Wahrscheinlichkeit für jedes Ergebnis $\frac{1}{n}$.

Beispiel: Bei einem Glücksrad mit 5 gleich großen verschiedenfarbigen Sektoren beträgt die Wahrscheinlichkeit für jede Farbe $\frac{1}{5}$.

Für Laplace-Experimente gilt:

Wahrscheinlichkeit eines Ereignisses = $\dfrac{\text{Anzahl der zum Ereignis gehörenden Ergebnisse}}{\text{Anzahl der möglichen Ergebnisse des Zufallsexperiments}}$

Man berechnet die Wahrscheinlichkeit für ein Ergebnis, indem man die Anzahl der zum Ereignis gehörenden Ergebnisse durch die Anzahl aller möglichen Ergebnisse dividiert.

Beispiel: Die Wahrscheinlichkeit für das Würfeln einer ungeraden Zahl beträgt $\frac{1}{2}$, denn es gibt 3 ungerade Zahlen auf dem Würfel und 6 Zahlen insgesamt.

$\frac{1}{6} + \frac{1}{6} + \frac{1}{6} = \frac{3}{6} = \frac{1}{2}$.

6. Bei welchen dieser Versuche handelt es sich um Laplace-Experimente? Kreuze an.

a) Ziehen eines Loses aus einer Lostrommel ☐

b) Ziehen einer Kugel aus einer Urne mit 4 roten, 4 blauen und 4 gelben Kugeln ☐

c) Werfen eines regulären Oktaeders ☐

d) Ziehen einer Zahlkarte (siehe Abb. rechts) ☐

e) Beschreibe, wie die Versuche geändert werden können, sodass es sich bei allen um Laplace-Experimente handelt.

....

....

7. Bei einem Schulfest wird das Spiel *Karten ziehen* angeboten. Man zieht eine Karte aus einem verdeckten, gut gemischten Stapel eines Skatblatts.

Berechne die Wahrscheinlichkeiten folgender Ereignisse:

E_1: Die Karo 7 wird gezogen.

E_2: Es wird ein Ass gezogen.

E_3: Es wird ein Bild (Bube, Dame, König) gezogen.

E_4: Es wird ein Ass oder eine Herz-Karte gezogen.

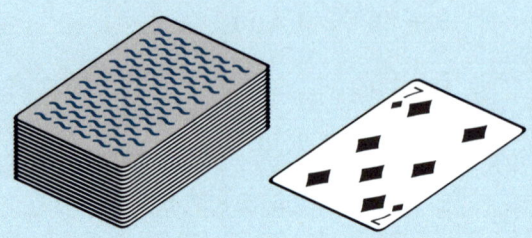

8. In einer Klasse mit 10 Mädchen und 8 Jungen sollen Freikarten für den Zirkus ausgelost werden. Deshalb schreibt jeder seinen Namen auf einen Zettel, der Klassensprecher zieht einen. Wie groß ist die Wahrscheinlichkeit, dass ein Junge bzw. ein Mädchen die Freikarten erhält?

....

9. In einer Urne befinden sich 20 Kugeln, die mit den Zahlen 1 bis 20 versehen sind. Merle zieht eine Kugel. Notiere die folgenden Ereignisse als Mengen und bestimme die Wahrscheinlichkeiten.

Ereignis	Ereignis als Menge möglicher Ergebnisse	Wahrscheinlichkeit des Ereignisses
E_1: Die Zahl auf der Kugel ist durch 3 teilbar.	$E_1 = \{\ldots\ldots , \ldots\ldots, \ldots\ldots, \ldots\ldots, \ldots\ldots, \ldots\ldots\}$	$P(E_1) =$
E_2: Die Zahl auf der Kugel ist 21.		
E_3: Die Zahl ist zweistellig.		
E_4: Die Zahl ist sowohl durch 3 als auch durch 4 teilbar.		
E_5: Die Zahl ist durch 3 oder 4 teilbar.		

10. In der Klasse 7 b wird ermittelt, wie die 24 Schülerinnen und Schüler zur Schule kommen. Folgende Verteilung ergibt sich:
12 Schüler kommen mit einem öffentlichen Verkehrsmittel, 6 werden mit dem Auto gebracht, 3 laufen zu Fuß und die übrigen Schüler fahren mit dem Rad.

a) Berechne die relativen Häufigkeiten.

b) Zeichne ein Kreisdiagramm.

c) Ein zufällig gewählter Schüler wird befragt. Wie hoch ist die Wahrscheinlichkeit, dass er zu Fuß oder mit dem Rad zur Schule kam?

Zur Erinnerung:
Daten lassen sich in Balken-, Streifen- oder Kreisdiagrammen darstellen. Für ein Kreisdiagramm ermittelt man die Winkel, indem man das Ganze ins Verhältnis zu 360° setzt und die entsprechenden Winkel berechnet.

45 min

Klassenarbeit 5.1

Themen: Ergebnisse und Ereignisse, Gegenereignis, Summenregel, Wahrscheinlichkeitsbegriff, Terme berechnen

2

1. Was versteht man unter einem Ereignis?

_____

2. Marie und Tabea würfeln mit einem regulären Würfel.

a) Gib die Ergebnismenge an.

b) Beschreibe die Ereignisse durch eine Menge von Ergebnissen.
  (1) Würfeln einer Zahl, die durch 2 und 3 teilbar ist,
  (2) Würfeln einer Zahl, die durch 2 oder 3 teilbar ist,
  (3) Würfeln einer Zahl, die zwischen 8 und 12 liegt,
  (4) Würfeln einer Zahl zwischen 0 und 7.

c) Bei welchem Ereignis handelt es sich um ein sicheres Ereignis?

d) Welches Ereignis hat die Wahrscheinlichkeit null?

9

e) Bestimme die Wahrscheinlichkeiten für alle anderen Ereignisse.

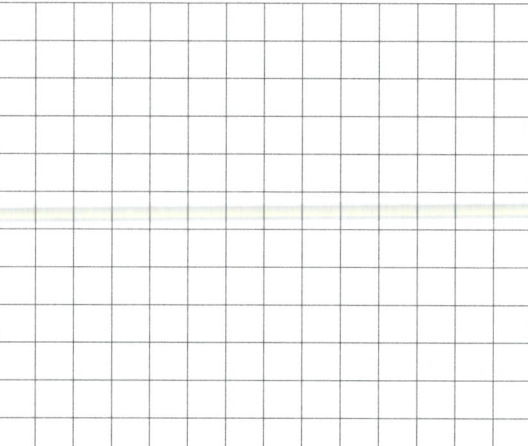

3. Leon hat einen Würfel so präpariert, dass die Wahrscheinlichkeit für das Würfeln einer 2 jetzt 0,3 und für das Würfeln einer 5 nun 0,1 beträgt. Alle anderen Zahlen werden mit gleicher Wahrscheinlichkeit gewürfelt.

a) Gib alle Ergebnisse an und ordne ihnen ihre Wahrscheinlichkeiten zu.

_____

b) Berechne für diesen Würfel die Wahrscheinlichkeiten für folgende Ereignisse:
  (1) Würfeln einer geraden Zahl,
  (2) Würfeln einer Primzahl,
  (3) Würfeln einer Zahl, die kleiner als 4 ist.

c) Nenne zu den Ereignissen (1) bis (3) die Gegenereignisse.

_____

9

_____

_____

4. Ein Glücksrad hat 8 gleich große Sektoren, die die Ziffern 1 bis 4 tragen.
Die Tabelle gibt die Wahrscheinlichkeiten für die Ziffern an:

1	2	3	4
0,125	0,125	0,25	0,5

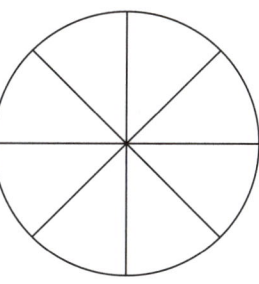

a) Trage die Ziffern entsprechend ihrer Wahrscheinlichkeit in das Glücksrad ein.

b) Wie oft ist die Ziffer 1 im Mittel zu erwarten, wenn insgesamt 50-mal gedreht wird?

....

3

5. Berechne folgende Terme im Kopf.

a) $2^3 + 24 =$ ....

d) $1^2 + 2^2 + 3^2 + 4^2 =$ ....

b) $7 \cdot 3^2 =$ ....

e) $(4^2 - 12) \cdot (5^2 - 20) =$ ....

c) $(5 \cdot (116 - 12 : 3)) =$ ....

f) $13 + 17 : (3^2 - 2^3) =$ ....

6

6. Bei einem Schulfest bietet die Klasse 7a ein Glücksspiel mit dem rechts stehenden Glücksrad an.

a) Berechne die Wahrscheinlichkeit, beim Drehen des Glücksrads auf eine 1 zu kommen.

b) Berechne für jedes der weiteren Felder 2, 3, 5 und 10 die jeweilige Treffer-Wahrscheinlichkeit.

c) Ein Schüler behauptet, dass es doppelt so wahrscheinlich ist, eine 1 zu drehen, wie auf einem der Felder 2 oder 10 zu landen. Hat er recht?

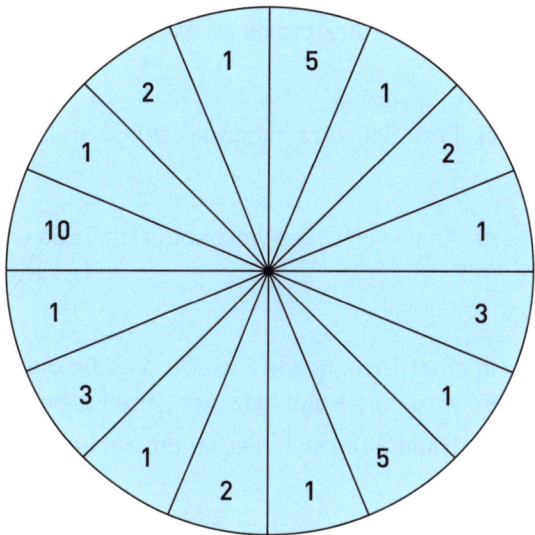

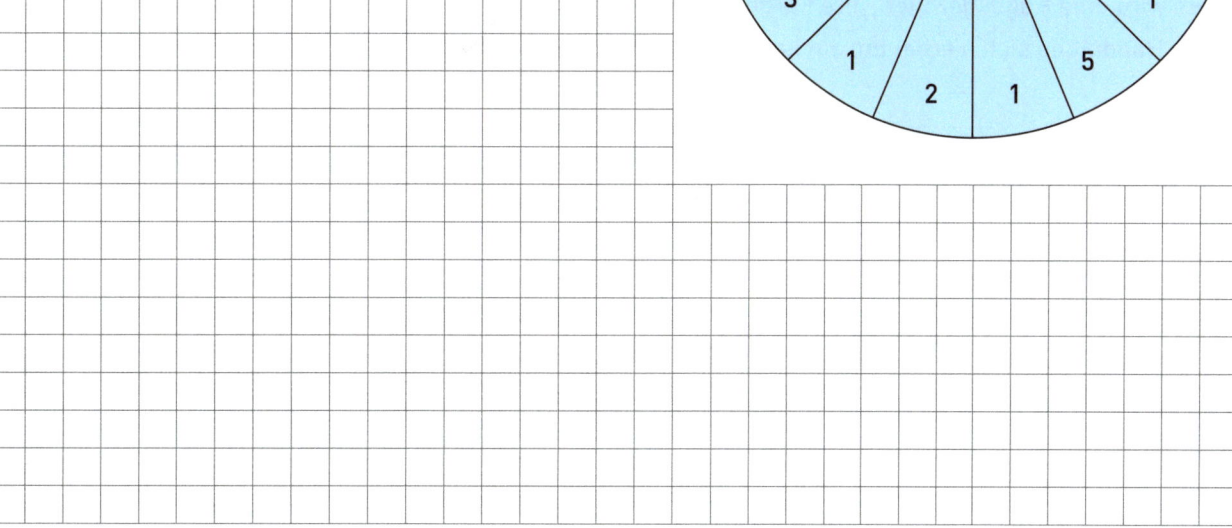

7

36 – 27 Punkte	26 – 18 Punkte	17 – 0 Punkte
☺	😐	☹

Gesamtpunktzahl 36

45 min

Klassenarbeit 5.2

Themen: Zufallsexperimente, Laplace-Experimente, Wahrscheinlichkeiten berechnen, Ergebnisse und Ereignisse, Fläche und Umfang eines Rechtecks (Wdh.)

1. Wie heißt das Gesetz der großen Zahlen?

....

....

2   ....

....

2. Entscheide, ob ein Zufallsexperiment vorliegt. Falls ja, gib die Ergebnismenge an.

   a) Du ermittelst die Summe dreier vorgegebener Zahlen.

....

   b) In einer Arztpraxis wird die Blutgruppe eines Patienten bestimmt.

....

   c) Frau Schwarz hat drei Richtige im Lotto.

....

4   **d)** An der Nordsee wechseln sich Ebbe und Flut ab.

....

3. In einer Urne liegen 3 weiße, 4 gelbe und 3 blaue Kugeln.
Es wird eine Kugel gezogen, ihre Farbe notiert und zurückgelegt.

   a) Handelt es sich hierbei um ein Laplace-Experiment? Begründe.

....

....

....

   b) Nenne alle möglichen Ergebnisse und ihre Wahrscheinlichkeiten.

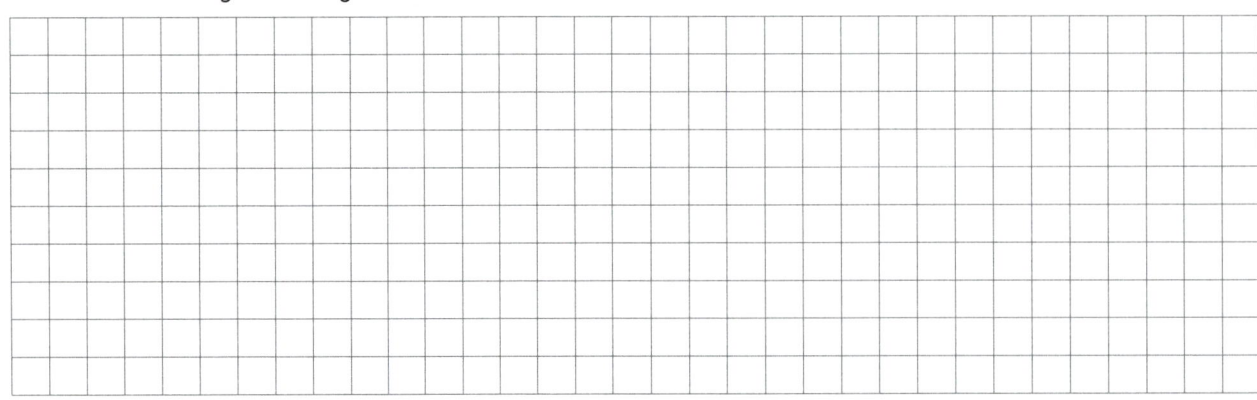

8

4. In der Klasse 7d sind 12 Jungen und 18 Mädchen. Der Mathelehrer nimmt zufällig eine Schülerin oder einen Schüler bei den Hausaufgaben dran.

   a) Wie groß ist die Wahrscheinlichkeit für jeden Einzelnen, ausgewählt zu werden?

   b) Mit welcher Wahrscheinlichkeit wird ein Junge ausgewählt?

   c) In der Klasse heißen zwei Jungen Tim und sogar drei Mädchen Celine. Mit welcher Wahrscheinlichkeit wird Tim oder Celine ausgewählt?

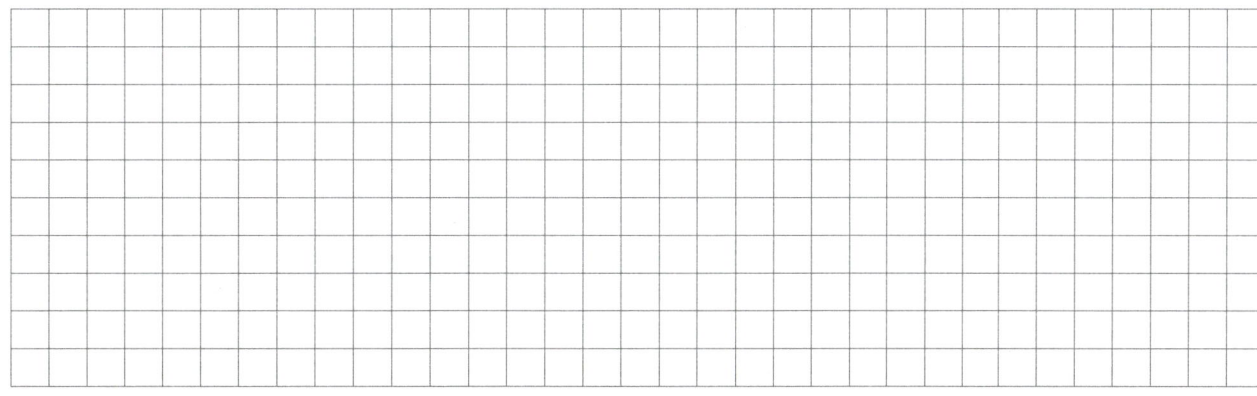

6

5. Ein EFRON-Würfel hat nur zwei Augenzahlen. Bestimme für diesen Würfel die Wahrscheinlichkeiten für die 1 und die 4.

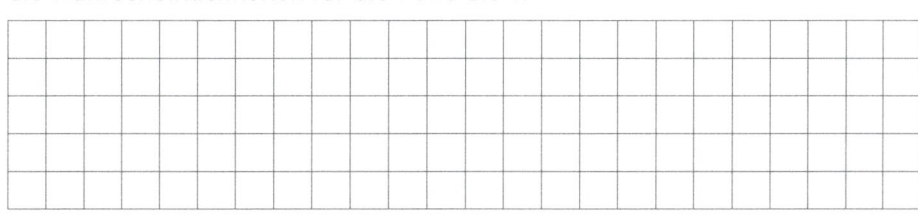 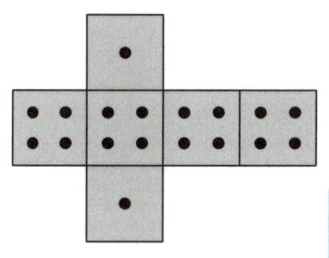

2

6. Ein Rechteck hat die Seitenlängen a = 6 cm und b = 4 cm.

   a) Berechne seinen Flächeninhalt und seinen Umfang.

   b) In das Rechteck wird ein kleineres Rechteck gezeichnet, dessen Seiten jeweils halb so lang sind. Um das Rechteck wird ein Rechteck gezeichnet, dessen Seiten jeweils doppelt so lang sind. Berechne, wie viel größer der Umfang und der Flächeninhalt des großen Rechtecks gegenüber dem kleinen Rechteck sind.

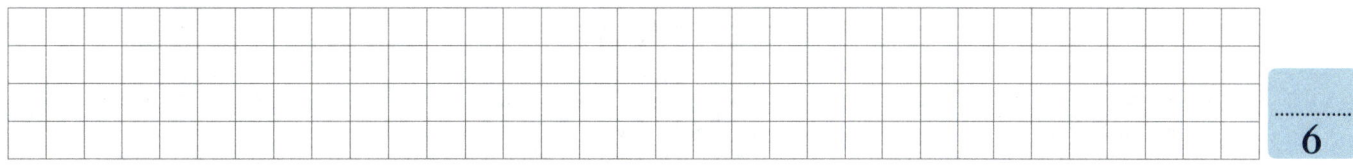

6

28 – 21 Punkte	20 – 14 Punkte	13 – 0 Punkte
☺	😐	☹

Gesamtpunktzahl 28

45
min

Klassenarbeit 5.3

Themen: Zufallsexperiment, relative und absolute Häufigkeiten, Säulendiagramm, Bestimmen von Wahrscheinlichkeiten, Laplace-Experiment, Simulation eines Zufallsexperimentes, Prozentrechung (Wdh.)

1. Nenne drei Eigenschaften eines Zufallsexperimentes.

....

....

3

....

2. In einer Klasse mit 20 Schülern wird eine Befragung über ihren Schulweg durchgeführt. Diese ergibt: 8 Schüler kommen mit Bus oder Bahn, 4 gehen zu Fuß, 5 nutzen ihr Fahrrad und der Rest wird von den Eltern gefahren.

  a) Gib eine Tabelle an mit der Art der Beförderung, der absoluten und der relativen Häufigkeit.

  b) Stelle die relativen Häufigkeiten in einem Säulendiagramm dar.

8

3. Drei EFRON-Würfel werden gleichzeitig geworfen.

Würfel 1   Würfel 2   Würfel 3

  a) Gib für jeden Würfel die Ergebnismenge an.

  b) Cedric und Pascal spielen mit Würfel 1 und 2, Anna und Marina mit Würfel 2 und 3. Gewonnen hat das Kind, das beim einmaligen Würfeln die höhere Augenzahl hat. Wer von den Jungen und wer von den Mädchen hat eine höhere Wahrscheinlichkeit zu gewinnen?

5

4. Ein Beutel enthält 100 Kugeln, und zwar rote, blaue und weiße Kugeln.
Die Anzahlen sind leider unbekannt. Emil zieht 50-mal eine Kugel und legt sie
dann wieder zurück. Die folgende Tabelle gibt die absoluten Häufigkeiten jeder
Farbe an.

rot	blau	weiß
10	15	25

a) Berechne die relativen Häufigkeiten.

b) Erstelle eine Prognose: Wie groß ist die Wahrscheinlichkeit, die entsprechende Farbe zu ziehen?
Bewerte deine Prognose.

c) Wie oft wird beim 70-maligen Ziehen bei dieser Prognose (im Mittel) eine blaue Kugel gezogen?

....
6

5. Von den 780 Schülern einer Schule sind 40 % Jungen und 60 % Mädchen.

a) Warum handelt es sich nicht um ein Laplace-Experiment, wenn ein Schüler ausgewählt wird?

b) Beschreibe, wie dieses Zufallsexperiment mithilfe von Kugeln in einer Urne simuliert werden kann.

....
4

6. In der Klasse 7d wird eine Klassenumfrage durchgeführt: „Was ist eure Lieblingssportart?"
Zwölf Schüler geben Fußball an, sechs antworten Basketball, vier spielen Volleyball, drei rudern. Fünf
Schüler machen in ihrer Freizeit keinen Sport.

a) Berechne die prozentualen Anteile der Sportarten, wenn jeder Schüler
nur eine Antwort gegeben hat.

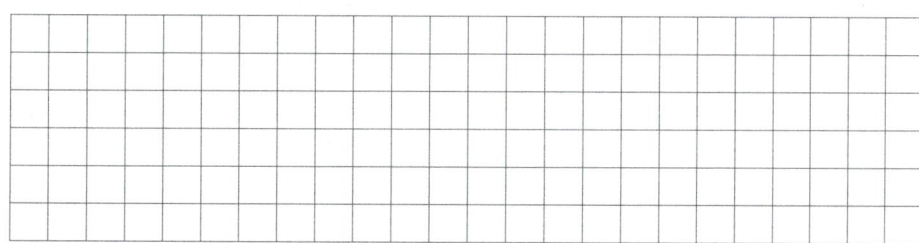

....
7

b) Erstelle ein Kreisdigramm für die Umfrage.

33 – 25 Punkte	24 – 17 Punkte	16 – 0 Punkte
☺	😐	☹

Gesamtpunktzahl 33

6. Dreiecke und Vierecke

Zum Aufwärmen: Verstehen und Üben

Konguente Figuren

Information

> Zwei Figuren A und B heißen zueinander
> kongruent, wenn sie in der Form und in
> den Maßen übereinstimmen.

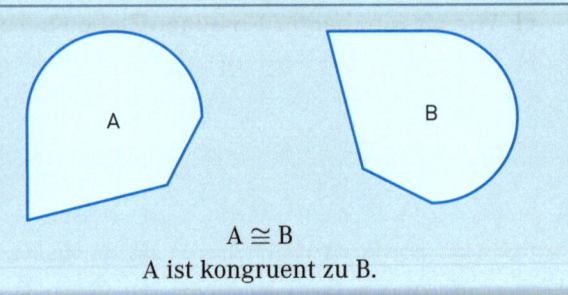

A ≅ B
A ist kongruent zu B.

Beispiel:
Damit zwei Vielecke kongruent sind, müssen
sie in der Länge und Größe der entsprechenden Seiten und Winkel übereinstimmen.

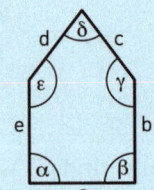 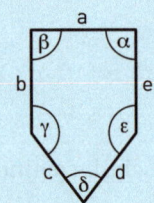

> Zwei zueinander
> kongruente Figuren
> können auch spiegel-
> bildlich zueinander
> sein.

1. Färbe zueinander kongruente Figuren in der gleichen Farbe.

2. Zeichne die Dreiecke ABC und PQR in das jeweilige Koordinatensystem auf der nächsten Seite ein und
prüfe, ob sie zueinander kongruent sind. Falls ja, gib einander entsprechende Seiten und Winkel an.

a) A(1|1), B(3|4), C(1|6)
P(8|2), Q(8|7), R(6|5)

b) A(2|1), B(5|1), C(7|3)
P(1|4), Q(8|6), R(3|6)

zu **a)**

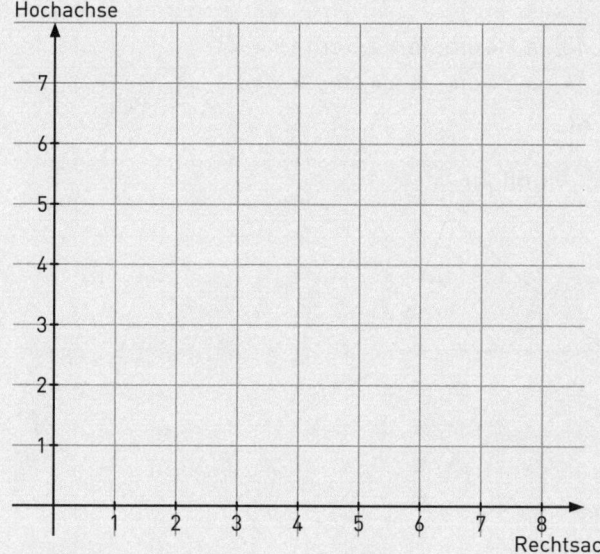

zu **b)**

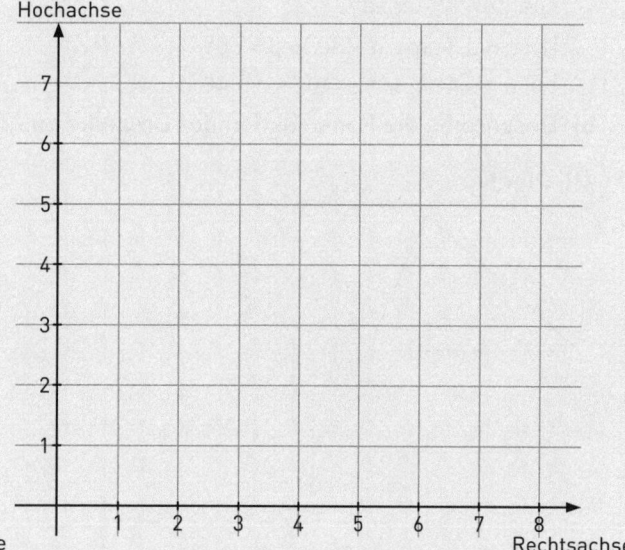

Kongruenzsätze

Information

Für die Konstruktion von Dreiecken benötigt man mindestens drei bestimmte Angaben, damit das konstruierte Dreieck bis auf Kongruenz eindeutig ist.

1. Man kennt die drei Seitenlängen: sss

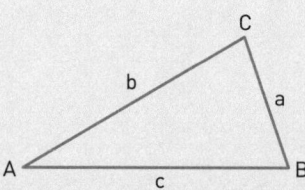

2. Man kennt zwei Seitenlängen und die Größe des Winkels, der von diesen Seiten eingeschlossen ist: sws

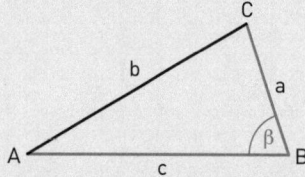

3. Man kennt die Größen zweier Winkel und die Länge der Seite, die zwischen den bekannten Winkeln liegt: wsw

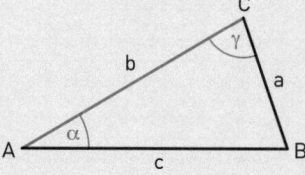

4. Man kennt zwei Seitenlängen und die Größe des Winkels, der der längeren Seite gegenüberliegt: Ssw

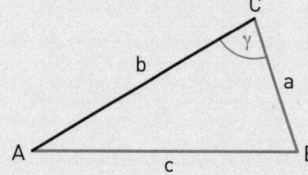

Beispiel:

Dreieckskonstruktion (3. Kongruenzsatz wsw) mit Konstruktionsbeschreibung

Konstruiere ein Dreieck ABC mit $a = 6\,\text{cm}$, $\beta = 40°$ $\gamma = 60°$

(1) Zeichne eine Strecke $\overline{BC}$ mit der Länge $a = 6\,\text{cm}$.
(2) Trage im Punkt B den Winkel $\beta = 40°$ an.
(3) Trage im Punkt C den Winkel $\gamma = 60°$ an.
(4) Die beiden freien Schenkel schneiden sich in einem Punkt. Bezeichne diesen als Punkt A des Dreiecks.

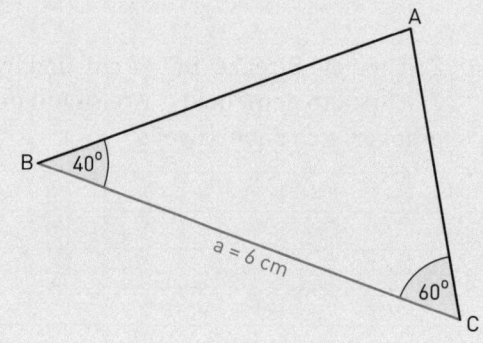

> *Skizziere zuerst ein Dreieck als Planfigur und hebe die gegebenen Größen darin farbig hervor.*

3. a) Zeichne das Dreieck ABC; lege dazu zunächst eine Planfigur an. Bestimme die Größe der übrigen Stücke durch Messen.

(1) c = 3,5 cm; α = 30°; β = 60°   (3) a = 4 cm; b = 2,5 cm; γ = 45°

(2) a = 5 cm; b = 4 cm; c = 7 cm   (4) a = 5 cm; c = 4 cm; α = 60°

b) Beschreibe die Konstruktion der Dreiecke aus Teil **a)**.

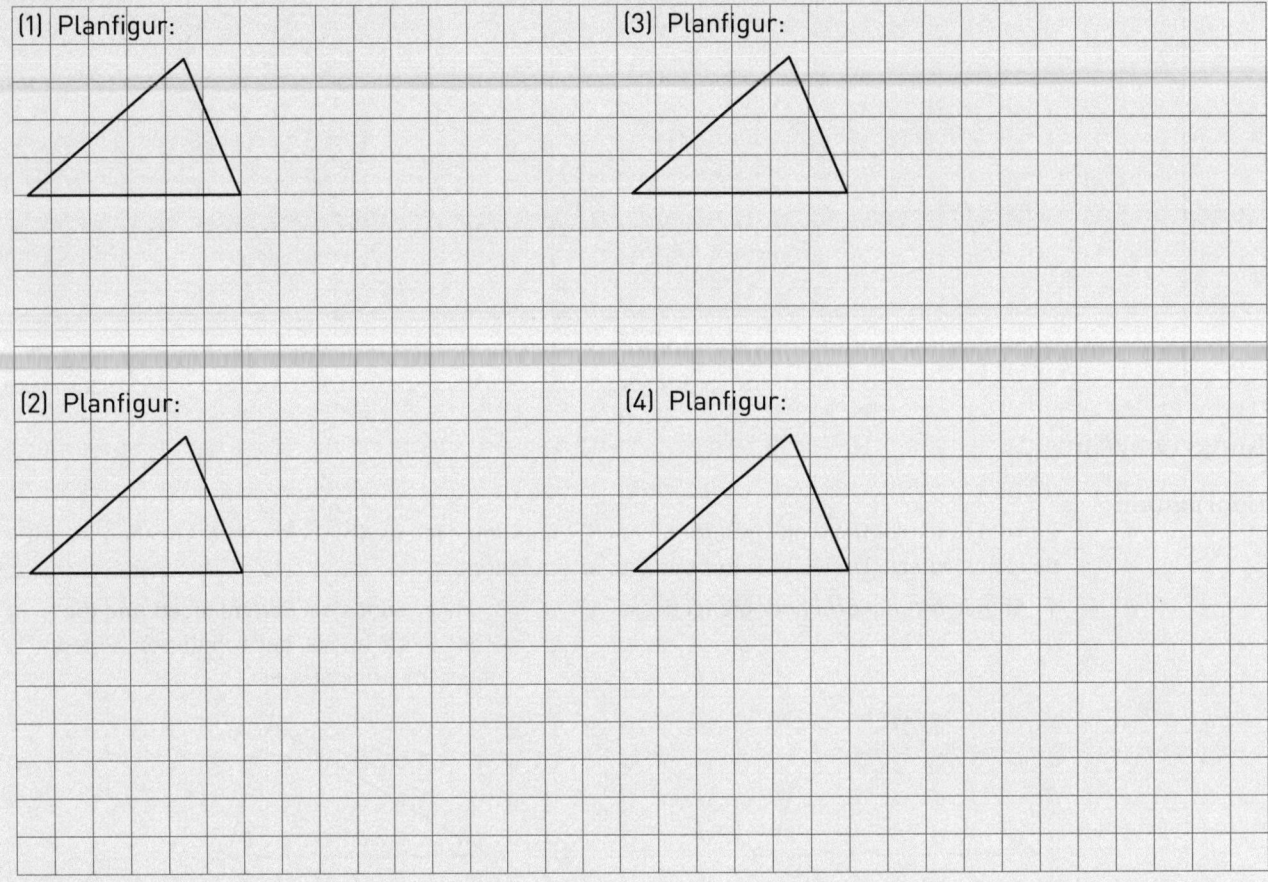

(1) Planfigur:

(3) Planfigur:

(2) Planfigur:

(4) Planfigur:

Platz für deine Konstruktionsbeschreibungen:

....

....

....

....

....

4. Zeichne die Strecke $\overline{BC}$ = 4 cm und trage am Punkt B den Winkel β = 30° mit einem freien Schenkel an. Zeichne um den Punkt C Kreise mit den Radien 1 cm, 2 cm, 3 cm, 4 cm, 5 cm und 6 cm. Wie viele Dreiecke ergeben sich dabei jeweils?

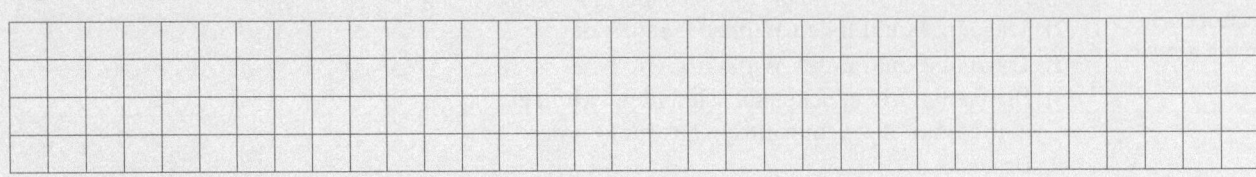

Radius	1 cm	2 cm	3 cm	4 cm	5 cm	6 cm
Anzahl der Dreiecke						

Information

Neben den vier Kongruenzsätzen sind noch zwei weitere Aussagen über Dreiecke wichtig, die darüber entscheiden, ob eine Konstruktion überhaupt möglich ist und ein Dreieck ergibt. Außerdem helfen sie manchmal bei der Konstruktion.

(1) Dreiecksungleichung
In jedem Dreieck ist die Summe je zweier Seitenlängen stets größer als die dritte Seitenlänge:
$a + b > c$, $a + c > b$, $b + c > a$

(2) Winkelsummensatz für Dreiecke
In jedem Dreieck sind die drei Innenwinkel zusammen 180° groß.
$\alpha + \beta + \gamma = 180°$
Sind eine Seite und zwei Winkel gegeben, von denen einer nicht an der gegebenen Seite liegt, so berechnet man den anliegenden Winkel über den Winkelsummensatz.

5. Entscheide und begründe ohne Konstruktion mithilfe der Kongruenzsätze, der Dreiecksungleichung und des Winkelsummensatzes, aus welchen Angaben – bis auf Kongruenz – eindeutige Dreiecke konstruiert werden können.

a) $b = 5$ cm; $\alpha = 60°$; $\beta = 70°$ ☐ ja ☐ nein

b) $a = 6$ cm; $c = 7{,}8$ cm; $\alpha = 45°$ ☐ ja ☐ nein

c) $a = 2{,}1$ cm; $b = 3{,}5$ cm; $\gamma = 75°$ ☐ ja ☐ nein

d) $\alpha = 50°$; $\beta = 60°$; $\gamma = 70°$ ☐ ja ☐ nein

e) $\alpha = 105°$; $b = 4{,}5$ cm; $\gamma = 82°$ ☐ ja ☐ nein

f) $a = 2{,}8$ cm; $b = 9{,}6$ cm; $c = 4{,}5$ cm ☐ ja ☐ nein

g) $b = 4$ cm; $c = 5$ cm; $\alpha = 35°$ cm ☐ ja ☐ nein

h) $a = 6{,}1$ cm; $b = 5$ cm; $c = 3{,}8$ cm ☐ ja ☐ nein

Kreis und Geraden

Information

Im Zusammenhang mit Kreisen gibt es einige wichtige Begriffe:

- Der **Mittelpunkt M** eines Kreises ist von jedem Punkt des Kreises gleich weit entfernt.
- Den Abstand von M zum Kreis nennt man **Radius r**.
- Jede Verbindungsstrecke zweier Kreispunkte heißt **Sehne** des Kreises.
- Der **Durchmesser d** hat die doppelte Länge des Radius. Der Durchmesser ist eine Sehne durch den Kreismittelpunkt M.
- Eine Gerade, die den Kreis nur in einem Punkt berührt, heißt **Tangente** des Kreises.
- Eine Gerade, die den Kreis zweimal schneidet, heißt **Sekante** des Kreises.
- Eine Gerade, die den Kreis nicht berührt, heißt **Passante**.

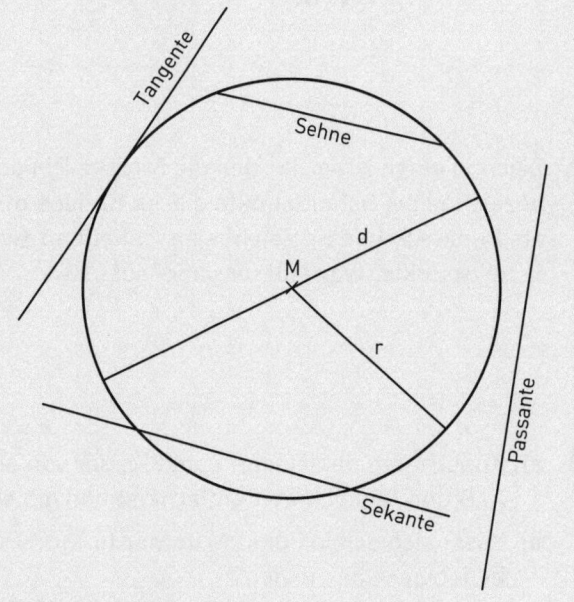

6. Gib an, ob die Geraden a bis f Sekanten, Tangenten oder Passanten sind. Gib bei Sekanten zusätzlich an, ob es sich bei den Strecken im Kreis um gewöhnliche Sehnen oder Kreisdurchmesser handelt.

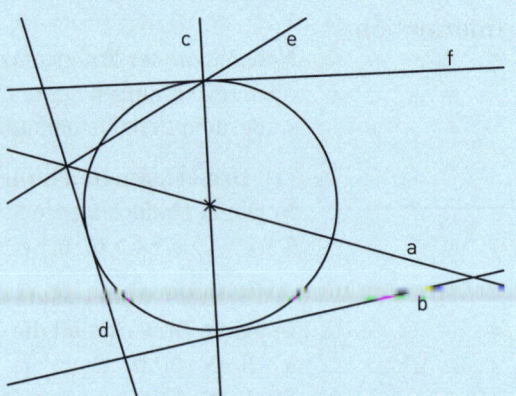

....

....

....

Besondere Punkte und Linien eines Dreiecks

Information

Definition einer Mittelsenkrechten

Gegeben ist eine Strecke $\overline{AB}$.

Bereits der Name der Mittelsenkrechten verrät, worum es sich bei dieser Linie handelt: Die Mittelsenkrechte m der Strecke $\overline{AB}$ ist eine Gerade, die durch den Mittelpunkt M der Strecke $\overline{AB}$ geht und senkrecht zur Strecke $\overline{AB}$ ist.

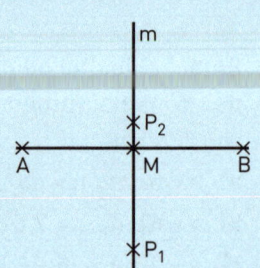

Eigenschaften einer Mittelsenkrechten:

- Wenn ein Punkt P auf der Mittelsenkrechten einer Strecke $\overline{AB}$ liegt, so hat der Punkt P die gleiche Entfernung zu A wie zu B.
- Wenn ein Punkt P die gleiche Entfernung zu A wie zu B hat, so liegt dieser Punkt auf der Mittelsenkrechten der Strecke $\overline{AB}$.

Mittelsenkrechte in einem Dreieck:

In jedem Dreieck schneiden sich die Mittelsenkrechten der drei Seiten in genau einem Punkt M.
Der Punkt M ist der Umkreismittelpunkt. Mit M als Mittelpunkt lässt sich ein Kreis zeichnen, der durch die drei Eckpunkte verläuft. Diesen Kreis nennt man Umkreis des Dreiecks. Die drei Eckpunkte sind somit gleich weit von M entfernt.

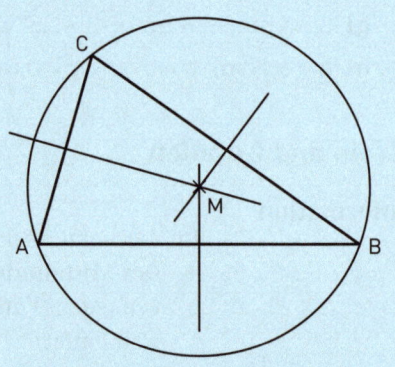

7. Zeichne einen Kreis, für den die Strecke $\overline{PM}$ der Durchmesser ist, und bezeichne die Schnittpunkte dieses Kreises mit dem gegeben Kreis um M als Punkte S_1 und S_2. Zeichne anschließend zwei Geraden durch P und die Schnittpunkte. Was fällt dir dabei auf?

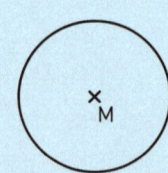

....

....

8. **a)** Konstruiere denjenigen Punkt M, der von allen drei Punkten A, B und C gleich weit entfernt ist und gib seine Koordinaten an.

b) Lässt sich so ein Punkt M immer für drei Punkte A, B und C in beliebiger Lage finden?

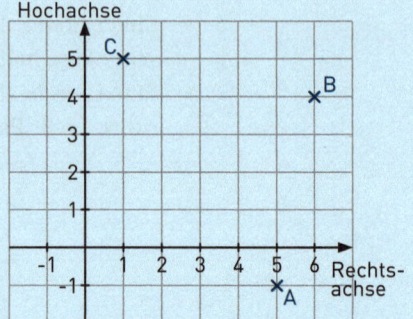

....

....

9. Konstruiere ein Dreieck ABC und den zugehörigen Umkreis aus den angegebenen Größen; dabei bezeichnet r den Radius des Umkreises. Arbeite in deinem Heft.

a) $a = 4\,cm$; $b = 6\,cm$; $\gamma = 65°$ **b)** $b = 5\,cm$; $\alpha = 50°$; $\beta = 75°$

10. Bei welchen Dreiecken liegt der Mittelpunkt des Umkreises ...

a) ... innerhalb des Dreiecks?

....

b) ... außerhalb des Dreiecks?

....

c) ... auf einer Seite des Dreiecks?

....

Information

Definition einer Winkelhalbierenden

Gegeben ist ein Winkel α mit dem Scheitel S. Bereits der Name der Winkelhalbierenden verrät, worum es sich bei dieser Linie handelt: Die Winkelhalbierende w_α des Winkels α ist eine Halbgerade, die den Winkel α in gleich große Teilwinkel zerlegt und diesen somit halbiert.

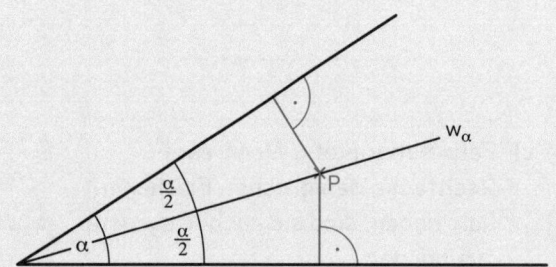

Eigenschaften einer Winkelhalbierenden:

Für Winkel, die höchstens 180° groß sind, gilt:

- Wenn ein Punkt P auf der Winkelhalbierenden liegt, so hat er von beiden Schenkeln denselben Abstand.
- Wenn ein Punkt P denselben Abstand von zwei Schenkeln eines Winkels hat, so liegt dieser Punkt auf der Winkelhalbierenden des Winkels.

Winkelhalbierenden in einem Dreieck:

In einem Dreieck schneiden sich die Winkelhalbierenden der drei Innenwinkel in genau einem Punkt W.
Dieser Punkt W ist der Inkreismittelpunkt. Mit W als Mittelpunkt lässt sich ein Kreis zeichnen, der die drei Seiten des Dreiecks berührt (nicht schneidet). Diesen Kreis nennt man Inkreis des Dreiecks.

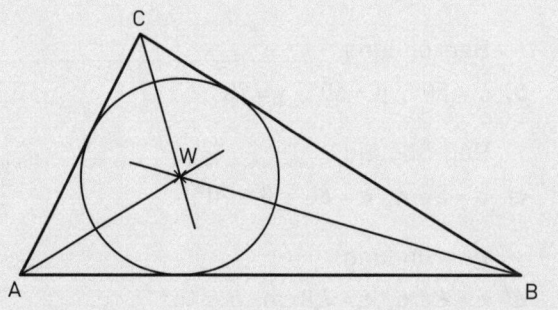

11. Konstruiere ein Dreieck ABC und den zugehörigen Inkreis aus den angegebenen Größen. Miss den Radius des Inkreises. Arbeite im Heft.

a) $a = 6\,cm$; $b = 4\,cm$; $c = 7\,cm$ **b)** $c = 7\,cm$; $\alpha = 40°$; $\beta = 65°$ **c)** $a = 5,5\,cm$; $b = 4,5\,cm$; $\alpha = 60°$

12. Das Bild rechts zeigt einen so genannten Ankreis an ein Dreieck. Erkläre, wie man den Mittelpunkt dieses Ankreises findet.

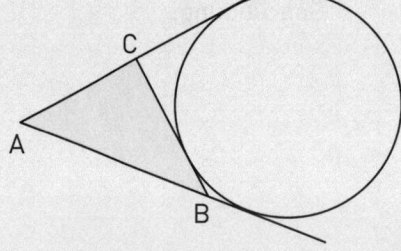

....

....

....

....

45 min

Klassenarbeit 6.1

Themen: Kongruenz von Figuren, Kongruenzsätze, Konstruktion von Dreiecken, Zufallsexperimente (Wdh.)

1. a) Erkläre den Begriff „Kongruenz".

....

....

b) Untersuche die rechts abgebildete Figur. Markiere jeweils kongruente Dreiecke in den gleichen Farben oder mit dem gleichen Buchstaben.

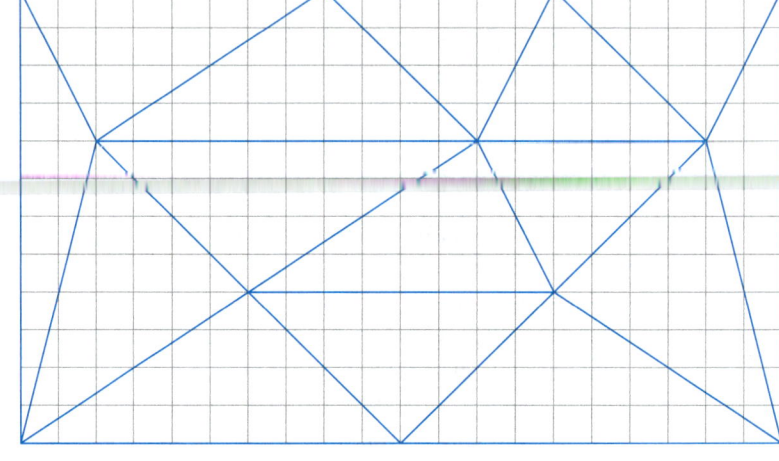

....

....

....

c) Felix behauptet: „Wenn zwei Rechtecke den gleichen Flächeninhalt haben, sind sie auch kongruent zueinander."
Widerlege seine Behauptung mit einem Gegenbeispiel.

12

....

2. Entscheide ohne Konstruktion, aus welchen Angaben ein Dreieck eindeutig konstruiert werden kann. Begründe deine Entscheidungen.

a) $a = 2{,}1\,cm$; $b = 3{,}5\,cm$; $\gamma = 75°$ ☐ ja ☐ nein

Begründung: ....

b) $\alpha = 50°$; $\beta = 60°$; $\gamma = 70°$ ☐ ja ☐ nein

Begründung: ....

c) $b = 5\,cm$; $\alpha = 60°$; $\beta = 70°$ ☐ ja ☐ nein

Begründung: ....

d) $a = 6\,cm$; $c = 7{,}8\,cm$; $\alpha = 45°$ ☐ ja ☐ nein

Begründung: ....

e) $a = 2{,}8\,cm$; $b = 9{,}6\,cm$; $c = 4{,}5\,cm$ ☐ ja ☐ nein

Begründung: ....

f) $\alpha = 105°$; $b = 4{,}5\,cm$; $\gamma = 82°$ ☐ ja ☐ nein

12

Begründung: ....

3. Konstruiere mit Lineal und Zirkel jeweils ein Dreieck ABC aus folgenden Angaben:

a) $c = 7\,cm$; $\alpha = 50°$; $\beta = 30°$,   **b)** $a = 6\,cm$; $b = 8\,cm$; $\beta = 75°$.

Erstelle zunächst eine Planfigur. Beschreibe abschließend die Konstruktion.

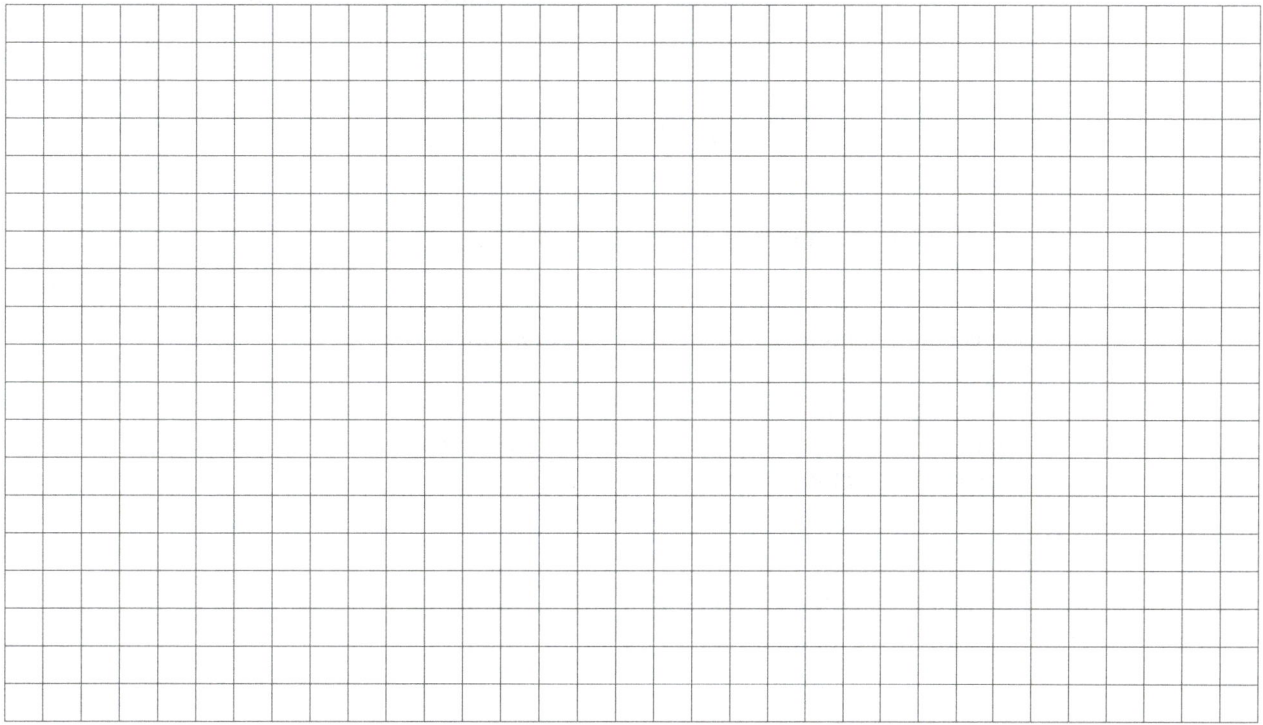

Platz für deine Konstruktionsbeschreibungen:

....

....

....

....

....

....

....

| 16 |

4. a) Wie oft erwartest du „Zahl", wenn du eine faire Münze 500-mal wirfst?

....

b) Wie oft erwartest du bei 400 Würfen mit einem Würfel eine ungerade Zahl?

....

c) Wie oft erwartest du bei 150 Würfeln mit einem Würfel eine „3"?

....

| 3 |

43–32 Punkte	31,5–21,5 Punkte	21–0 Punkte
☺	😐	☹

Gesamtpunktzahl | 43 |

45 min

Klassenarbeit 6.2

Themen: Kreis und Geraden, besondere Linien im Dreieck, Umkreis, Inkreis, relative Häufigkeit (Wdh.)

1. a) Gib an, wo alle Punkte liegen, die ...

(1) ... gleich weit von einem Punkt M entfernt sind.

....

(2) ... gleich weit von zwei Punkten P und Q entfernt sind.

....

(3) ... gleich weit von den Seiten a und b eines Dreiecks entfernt sind.

....

b) Zeichne ein beliebiges Dreieck und konstruiere darin den Inkreis. Beschreibe anschließend, in welchen Schritten du bei der Konstruktion vorgegangen bist.

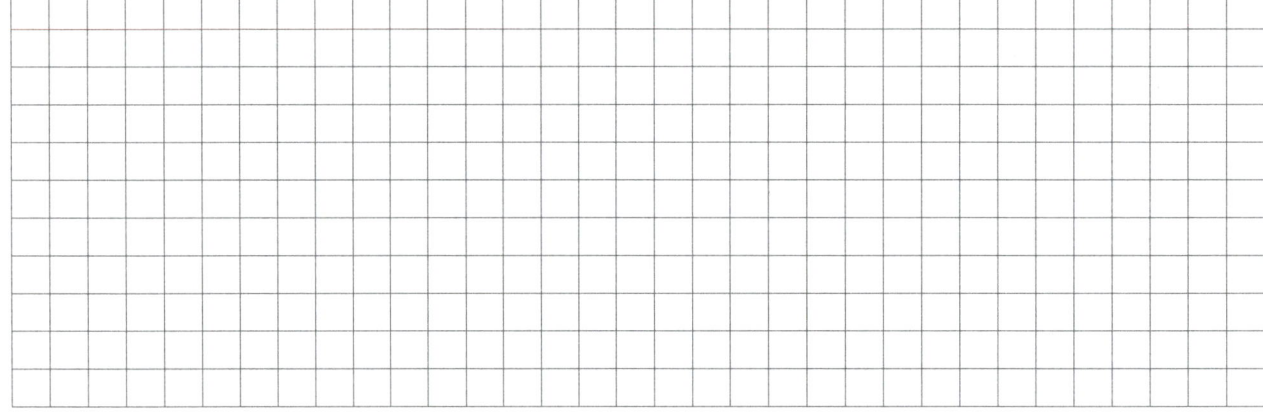

Platz für deine Konstruktionsbeschreibung:

....

....

....

....

c) Von einem Dreieck ABC sind die beiden Seitenlängen a = 5 cm, b = 4 cm sowie der Radius des Umkreises r = 3,5 cm gegeben. Konstruiere das zugehörige Dreieck.

2. Gegeben ist ein Kreis mit einer Tangente t. Bestimme durch eine Konstruktion den Mittelpunkt und den Radius des Kreises.

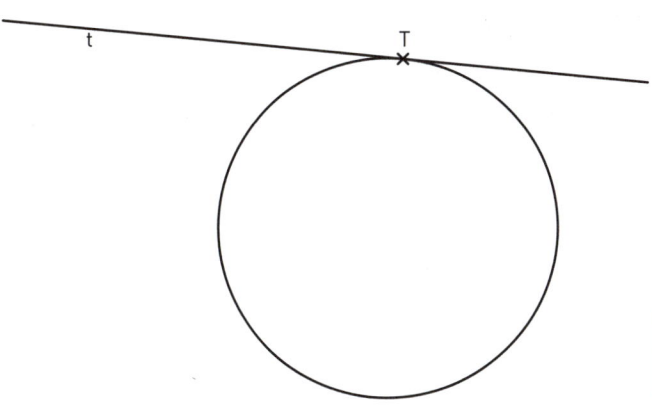

4

3. Um Strom von Norddeutschland nach Süddeutschland zu transportieren soll eine neue große Stromtrasse gebaut werden. Bei der Planung sollen möglichst wenige Orte direkt betroffen sein. Die Stromtrasse soll jedoch zwischen den Ortschaften Dingeldorf und Trappendorf verlaufen und so positioniert sein, dass sie gleich weit von beiden Ortschaften entfernt liegt.
Zeichne einen möglichen Trassenverlauf ein und begründe deinen Vorschlag.
Begründung:

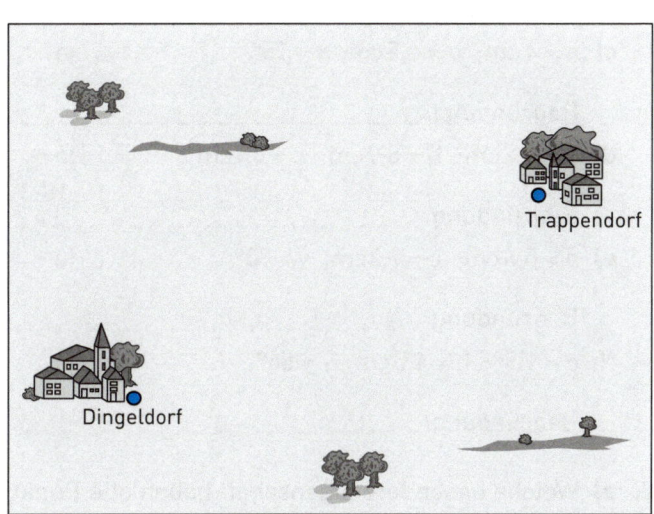

....

....

....

....

....

4

4. Anna, Benni und Claire experimentieren alle mit Heftzwecken einer bestimmten Sorte. Dabei erhält Anna bei 250 Würfen 177-mal Kopf, Benni bei 500 Würfen 342-mal Kopf und Claire bei 750 Würfen 492-mal Kopf. Berechne die relativen Häufigkeiten für das Ergebnis „Kopf" als Bruch und in Prozent.

3

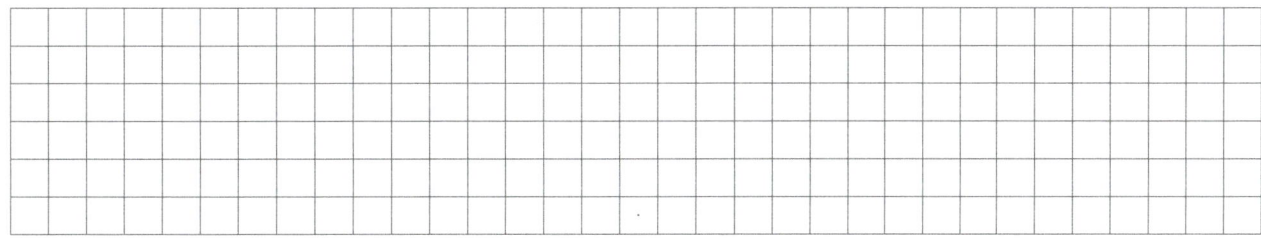

26 – 20 Punkte	19 – 13 Punkte	12 – 0 Punkte
☺	☺	☹

Gesamtpunktzahl   26

45 min

Beginn: .... Ende: ....

Klassenarbeit 6.3

Themen: Kongruenzsätze, besondere Linien im Dreieck, Umkreis, Inkreis, Zahlen vergleichen (Wdh.)

1. Entscheide ohne Konstruktion, aus welchen Angaben eindeutig Dreiecke konstruiert werden können. Begründe deine Entscheidungen.

   a) $a = 6\,cm$; $\beta = 60°$; $\gamma = 70°$ ☐ ja ☐ nein

   Begründung: ....

   b) $a = 5\,cm$; $c = 8\,cm$; $\alpha = 45°$ ☐ ja ☐ nein

   Begründung: ....

   c) $a = 4\,cm$; $b = 6,5\,cm$; $\gamma = 75°$ ☐ ja ☐ nein

   Begründung: ....

   d) $a = 3,2\,cm$; $b = 8,9\,cm$; $c = 4,1\,cm$ ☐ ja ☐ nein

   Begründung: ....

   e) $a = 5,6\,cm$; $c = 7,2\,cm$; $\gamma = 70°$ ☐ ja ☐ nein

   Begründung: ....

   f) $\alpha = 115°$; $b = 4,5\,cm$; $\gamma = 86°$ ☐ ja ☐ nein

   Begründung: ....

12

2. a) Welche besondere Eigenschaft haben alle Punkte auf einer Winkelhalbierenden?

   ....

   b) Erkläre, wie man den Umkreis eines Dreiecks konstruiert.

   ....

   ....

   c) Zeichne das Dreieck ABC mit den Punkten $A\,(1\,|\,6)$, $B\,(4\,|\,1)$ und $C\,(7\,|\,3)$ in ein Koordinatensystem. Konstruiere den Umkreis des Dreiecks ABC und gib die (ungefähren) Koordinaten des Umkreismittelpunktes an.

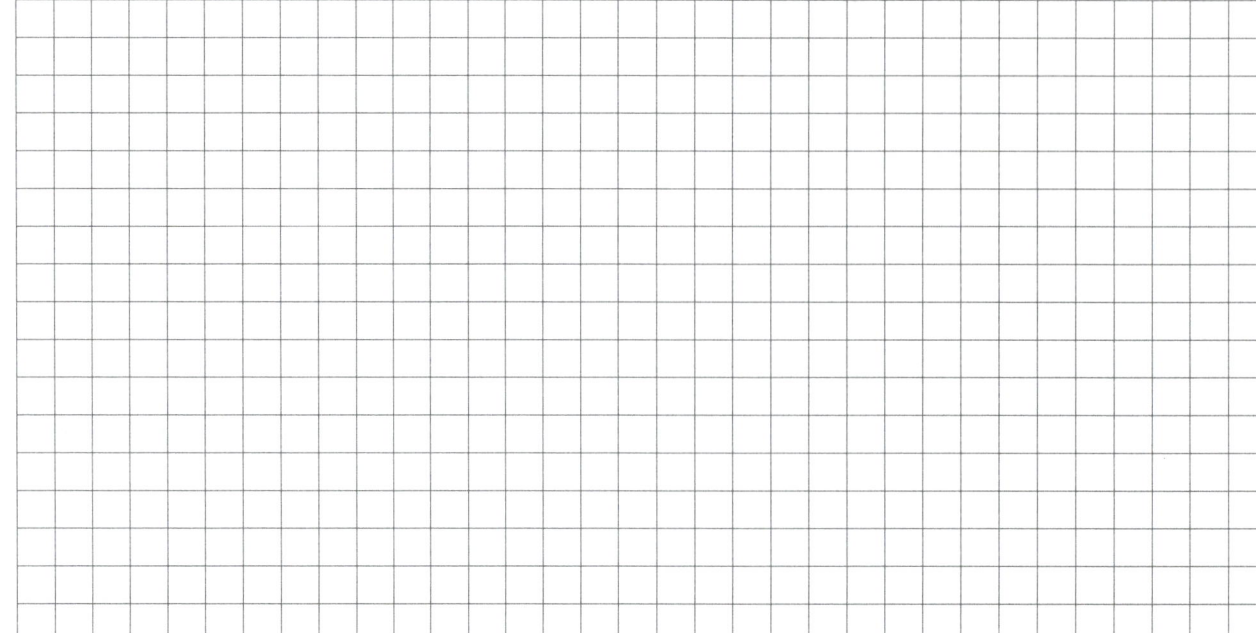

7

3. Von einem Hubschrauber aus blickt man senkrecht nach unten auf die Bootsanleger eines Sees. Unter einem Blickwinkel von 55° sieht man das andere Ende des Sees. Der Hubschrauber befindet sich in einer Höhe von 500 m über dem Wasserspiegel des Sees. Fertige eine Zeichnung an und ermittle die Länge des Sees.

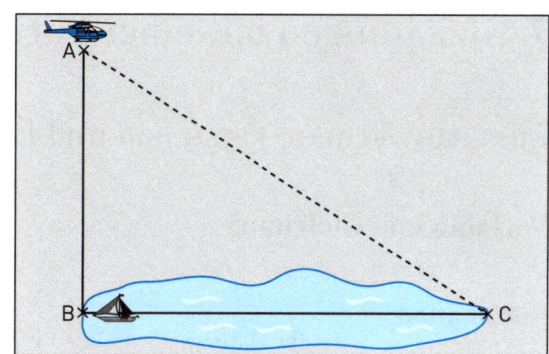

4

4. Gib an, welche Seitenflächen bei diesem Quader jeweils kongruent sind.

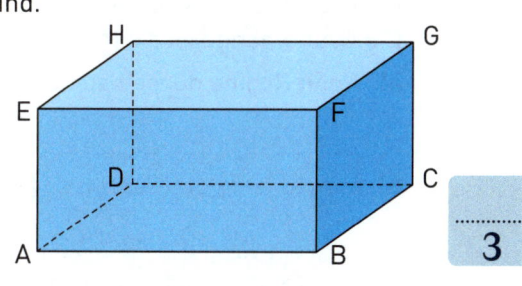

....

....

....

....

3

5. Prüfe, welche der beiden Zahlen größer ist oder ob beide gleich groß sind und setze dann das korrekte Zeichen „<", „>" oder „=":

a) 15 % ☐ 15

b) 1,5 % ☐ 0,15

c) 123 % ☐ 0,12

d) 50 % ☐ 0,500

e) 12 % ☐ $\frac{12}{100}$

f) 78 % ☐ $\frac{8}{10}$

g) 0,2 % ☐ $\frac{2}{100}$

h) 250 % ☐ $\frac{5}{2}$

4

30 – 22,5 Punkte	22 – 14,5 Punkte	14 – 0 Punkte
☺	😐	☹

Gesamtpunktzahl 30

7. Gleichungen mit einer Variablen

Zum Aufwärmen: Verstehen und Üben

Variable und Gleichung

Information

> In der Mathematik halten oft Buchstaben wie x, y, a, b usw. den Platz für Dinge (z. B. Zahlen) frei. Diese Buchstaben heißen **Variable**.
> Variabel bedeutet veränderbar. Eine Variable ist also eine veränderbare Größe.
>
> Beispiele:
> (1) a ist die Anzahl der Geschwister von Kindern einer Klasse.
> (2) c ist die Seitenlänge eines Dreiecks.

Information

> Eine Zahl aus der Grundmenge ist **Lösung** einer Gleichung oder Ungleichung, wenn die Zahl die Gleichung bzw. Ungleichung erfüllt, d. h. wenn nach dem Einsetzen der Zahl für die Variable eine wahre Aussage entsteht. Alle Lösungen einer Gleichung bzw. Ungleichung zusammengefasst ergeben deren **Lösungsmenge L**.
>
> Beispiele:
> (1) Die Zahl 7 ist die Lösung der Gleichung $x - 7 = 0$. Die Lösungsmenge ist $L = \{7\}$.
> (2) Die Zahlen -1 und 5 bilden die Lösungsmenge $L = \{-1; 5\}$ der Gleichung $x^2 = 4x + 5$, denn $25 = 4 \cdot 5 + 5$ und $(-1)^2 = 4 \cdot (-1) + 5$.

1. Drücke folgende Aussagen mithilfe von Variablen in einer Gleichung aus und gib die Lösungsmenge an. Die Grundmenge ist die Menge der rationalen Zahlen $\mathbb{Q}$.

   a) Wenn Regine doppelt so alt ist wie jetzt, ist sie 10.

   ....

   b) Ahmed ist in drei Jahren so alt wie Jan (12) heute.

   ....

   c) Wenn Tina sich etwas für 3 Euro kauft, hat sie nur noch 5 Euro.

   ....

2. Denke dir einen Sachverhalt zu folgenden Aussagen aus.

   a) $3 \cdot a = 9$ ....

   b) $w + 8 = 17$ ....

   c) $3 \cdot x - 4 = 5$ ....

Lösen einer Gleichung durch Probieren

Wenn du ein Zahlenrätsel lösen willst, kannst du dies durch systematisches Probieren lösen, indem du das Zahlenrätsel in eine Gleichung übersetzt und dann durch Einsetzen probierst, eine wahre Aussage zu erhalten.

Beispiel:

Rolf: Ich denke mir eine Zahl. Wenn ich diese Zahl mit sich selbst multipliziere, erhalte ich genauso viel, wie wenn ich die Zahl mit 2 multipliziere und 8 addiere.

(1) *Aufstellen einer Gleichung für die gesuchte Zahl*

Platzhalter für Rolfs Zahl: x

1. Gesuchte Zahl mit sich selbst multipliziert: x^2

2. Gesuchte Zahl mit 2 multipliziert: $2 \cdot x$

... und 8 addiert: $2 \cdot x + 8$

Also erhält man als Gleichung: $x^2 = 2 \cdot x + 8$

(2) *Bestimmen der Lösung durch Probieren:*

Durch Einsetzen von ganzen Zahlen kannst du prüfen, ob diese die Gleichung erfüllen.

Einsetzungen für x	x^2	$2 \cdot x + 8$	$x^2 = 2 \cdot x + 8$	Gleichung ist eine ...
0	0	8	$0 \neq 8$	... falsche Aussage.
1	1	10	$1 \neq 10$	... falsche Aussage.
2	4	12	$4 \neq 12$	... falsche Aussage.
3	9	14	$9 \neq 14$	... falsche Aussage.
4	16	16	$16 = 16$	... wahre Aussage.
5	25	18	$25 \neq 18$	... falsche Aussage.
−1	1	6	$1 \neq 6$	... falsche Aussage.
−2	4	4	$4 = 4$	... wahre Aussage.
−3	9	2	$9 \neq 2$	... falsche Aussage.

Ab hier wächst die linke Seite schneller als die rechte, also kann keine wahre Aussage mehr entstehen.

Ab hier wird die rechte Seite immer kleiner, die linke wird immer größer, also kann keine wahre Aussage mehr entstehen.

$L = \{-2; 4\}$

3. Löse die folgenden Zahlenrätsel durch Probieren.

Wenn man eine Zahl mit sich selbst multipliziert, erhält man dasselbe, wie wenn man die Zahl mit drei multipliziert und zu der Zahl 10 addiert.

(1) *Aufstellen einer Gleichung für die gesuchte Zahl*

Platzhalter für die Zahl: ....

1. Gesuchte Zahl mit sich selbst multipliziert: ....

2. Gesuchte Zahl mit .... multipliziert: ....

... und zu .... addiert: ....

Also erhält man als Gleichung: ....

(2) *Bestimmen der Lösung durch Probieren:*

Durch Einsetzen von ganzen Zahlen kannst du prüfen, ob diese die Gleichung erfüllen.

Einsetzungen für x				Gleichung ist eine ...	Kommentar:
3					....
4					....
5					....
6					....
−1					....
−2					....
−3					....
−4					L = ...

4. Löse die beiden folgenden Aufgaben in deinem Heft. Stelle erst die Gleichung auf und fertige dann eine Tabelle an.

a) Wenn man eine Zahl mit sich selbst multipliziert, erhält man dasselbe, wie wenn man die Zahl mit zwei multipliziert und drei addiert.

b) Wenn man eine Zahl mit 5 multipliziert und 4 subtrahiert, erhält man dasselbe, wie wenn man die Zahl mit sich selbst multipliziert.

Gleichungen des Typs $ax + b = c$

Gleichungen lösen mithilfe der Waage

Eine Balkenwaage ist nur im Gleichgewicht, wenn auf beiden Waagschalen das Gewicht dasselbe ist. Mithilfe des Bildes dieser Waage kannst du Gleichungen lösen. Denn das Gleichgewicht bleibt nur erhalten, wenn auf beiden Seiten die gleiche Menge hinzugefügt oder weggenommen wird.

Beispiel:

	$2 \cdot x + 5 = 9$	Nimm auf beiden Seiten fünf Gewichte weg. (-5)
	$2 \cdot x = 4$	Nimm auf beiden Seiten die Hälfte weg. $(:2)$
	$x = 2$	Eine Kugel entspricht 2 Gewichten.
Probe:	$2 \cdot 2 + 5 = 4 + 5 = 9$	richtig
	$L = \{2\}$	

5. Löse die folgenden Gleichungen, indem du sie zunächst notierst und die Umformungsschritte kommentierst.

a)

	Notiere die zugehörige Gleichung.	Kommentar zur Umformung
Probe:		
	$L = \{\ldots\ldots\}$	

b)

	Notiere die zugehörige Gleichung.	Kommentar zur Umformung
Probe:		
	$L = \{\ldots\ldots\}$	

6. Stelle die Rechnungen in Form des Waagebildes dar und kommentiere.

a)

	Notiere die zugehörige Gleichung.	Kommentar zur Umformung
	$4 \cdot x + 1 = 9$	
	$4 \cdot x = 8$	
	$x = 2$	
Probe:		
	L = { .... }	

b)

	Notiere die zugehörige Gleichung.	Kommentar zur Umformung
	$3 \cdot x + 2 = 8$	
	$3 \cdot x = 6$	
	$x = 2$	
Probe:		
	L = { .... }	

7. Löse die Gleichungen mithilfe der Waage.

a) $2 \cdot x + 5 = 13$

	Notiere die zugehörige Gleichung.	Kommentar zur Umformung
Probe:		
	L = { .... }	

b) $5 \cdot x + 7 = 17$

	Notiere die zugehörige Gleichung.	Kommentar zur Umformung
	L = { .... }	

Mit dem Bild der Waage lässt sich gut arbeiten, wenn in einer Gleichung zu der unbekannten Größe etwas addiert wird und die Gleichung eine positive Lösung hat.

Gleichungen lösen mithilfe der Zahlengeraden

Nicht alle Gleichungen lassen sich mithilfe der Waage veranschaulichen. Ein Beispiel ist $3x - 8 = 2$, denn „-8" ist kein Gewicht. Ebenso lassen sich Gleichung mit einem Bruch oder einer negativen Zahl als Lösung nur schwer veranschaulichen. Hier kannst du die Veranschaulichung an der Zahlengerade zu Hilfe nehmen.

Beispiel 1:   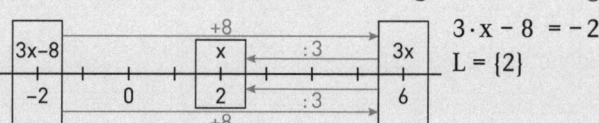 $3 \cdot x - 8 = -2$
L = {2}

Beispiel 2:

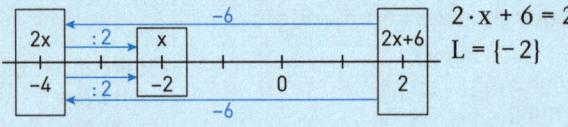

$2 \cdot x + 6 = 2$

$L = \{-2\}$

Beispiel 3:

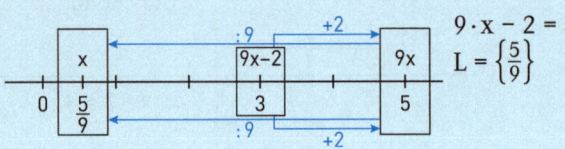

$9 \cdot x - 2 = 3$

$L = \left\{\dfrac{5}{9}\right\}$

8. Löse die folgenden Gleichungen an der Zahlengeraden. Arbeite im Heft.

a) $3 \cdot x + 5 = 6$ **b)** $7 \cdot x + 31 = 10$ **c)** $(-4) \cdot x + 6 = 4$

Information

> **Sonderfälle bei der Lösungsmenge**
> Hat eine Gleichung keine Zahl als Lösung, so ist ihre Lösungsmenge die **leere Menge** $L = \{\ \}$.
> Beispiel:
> Es gibt keine Zahl, die die Gleichung $3 \cdot x = 3 \cdot x + 4$ erfüllt, also ist die Lösungsmenge $L = \{\ \}$.
>
> Es gibt auch Gleichungen, die jede Zahl der Grundmenge G als Lösung haben. Ihre Lösungsmenge ist $L = G$.
> Beispiel:
> $3\,x = 2\,x + x$. Jede Zahl erfüllt diese Gleichung, also ist die Lösungsmenge $L = \mathbb{Q}$.

Gleichungen lösen mithilfe von Äquivalenzumformungen

Waage und Zahlengerade dienen lediglich der Veranschaulichung des Vorgehens, im Normalfall wird auf diese Veranschaulichung verzichtet und die Umformungen werden hinter einem Befehlsstrich notiert.
Die zulässigen Umformungen beim Lösen von Gleichungen nennt man Äquivalenzumformungen.

Information

> Grundmenge der Gleichungen ist die Menge $\mathbb{Q}$ der rationalen Zahlen.
>
> Gleichungen heißen zueinander **äquivalent**, wenn sie dieselbe Lösungsmenge haben. Mithilfe der **Äquivalenzumformungen** kann man aus einer Gleichung eine dazu äquivalente Gleichung erhalten. Es gelten die folgenden Regeln.
>
> **(1) Additions- und Subtraktionsregel**
> Addiert oder subtrahiert man auf beiden Seiten einer Gleichung dieselbe Zahl, so ändert sich die Lösungsmenge nicht.
> Beispiel:
> a) $x + 2 = 10 \ |-2$ b) $x - 4 = 8$ $|+4$
> $x = 8$ $x = 12$
>
> **(2) Multiplikations- und Divisionsregel**
> Multipliziert oder dividiert man auf beiden Seiten einer Gleichung mit derselben Zahl (durch dieselbe Zahl) ungleich 0, so ändert sich die Lösungsmenge nicht.
> Beispiel:
> a) $4 \cdot x = 12 \ |:4$ b) $\frac{1}{2} \cdot x = 5$ $|\cdot 2$
> $x = 3$ $x = 10$

Durch 0 darf man nicht dividieren! Ebenso solltest du nicht durch x dividieren, denn x könnte 0 sein.

Information

> Malpunkte dürfen weggelassen werden, wenn keine Missverständnisse möglich sind.
> Ferner ist $1 \cdot x = x$
>
> Beispiele:
> (1) $7\,x$ statt $7 \cdot x$, aber nicht 73 statt $7 \cdot 3$.
> (2) $2\frac{1}{2} \ (= 2,5)$ ist nicht das gleiche wie $2 \cdot \frac{1}{2} \ (= 1)$.

9. Bestimme die Lösungsmenge der folgenden Gleichungen und mache die Probe.

a) $4x - 7 = 13$ | ....

.... = ... | ....

$x =$ ....

Probe: ....

$L = \{\text{........}\}$

b) $\frac{1}{2}x + 3 = 5$ | ....

.... = ... | ....

$x =$ ....

Probe: ....

$L = \{\text{........}\}$

c) $7x + 5 = 26$ | ....

.... = ... | ....

$x =$ ....

Probe: ....

$L = \{\text{........}\}$

10. Bestimme die Lösungsmenge der folgenden Gleichungen und mache die Probe. Arbeite im Heft.

a) $2x + 7 = 12$ **b)** $4x - 5 = -4$ **c)** $6x + 12 = 27$ **d)** $3x + 8 = 2$

11. Markiere zueinander äquivalente Gleichungen.

$x + 3 = 6$ $2x - 7 = 5$ $3x + 9 = 18$ $x - 4 = 7$

$4x - 2 = 3$ $x = 11$ $2x = 12$ $4x = 5$

12. Welche Fehler wurden beim Lösen der Gleichungen gemacht? Korrigiere die Lösungen.

Lisa				
$3x + 7 = 10$	$\mid -7$			
$3x = 17$				
$x = \frac{17}{3}$				

Bilal				
$4x - 3 = 6$	$\mid -3$			
$4x = 3$				
$x = \frac{4}{3}$				

Aileen				
$2x + 5 = 6$	$\mid -5$			
$2x = 1$	$\mid :2$			
$x = 2$				

Lösen von Gleichungen mit Zusammenfassen von Vielfachen einer Variablen

Es gibt Gleichungen, bei denen die Variable nicht nur auf einer Seite der Gleichung, sondern auf beiden Seiten steht.
Hier kannst du zum Lösen der Gleichung fast genauso vorgehen wie bisher.
Du musst nur in ein oder zwei Schritten mithilfe von Äquivalenzumformungen dafür sorgen, dass sich die Variablen auf der einen Seite und die Zahlen auf der anderen Seite der Gleichung befinden.

Gleichungen lösen mithilfe der Waage

Auch dies soll wieder am Beispiel der Waage veranschaulicht werden.

Beispiel:

	$5x + 3 = 4x + 7$	Nimm auf beiden Seiten vier Unbekannte weg. $(-4x)$
	$x + 3 = 7$	Nimm auf beiden Seiten drei Gewichte weg. (-3)
	$x = 4$	
Probe:	$5 \cdot 4 + 3 = 4 \cdot 4 + 7$ $23 = 23$	richtig
	$L = \{4\}$	

13. Löse die folgenden Gleichungen, indem du sie zunächst notierst und die Umformungsschritte kommentierst.

a)

	Notiere die zugehörige Gleichung.	Kommentar zur Umformung
Probe:		
	L = {........}	

b)

	Notiere die zugehörige Gleichung.	Kommentar zur Umformung
Probe:		
	L = {........}	

14. Stelle die Rechnungen in Form des Waagebildes dar und kommentiere.

a)

	Notiere die zugehörige Gleichung.	Kommentar zur Umformung
	$7x + 1 = 3x + 9$	
	$4x + 1 = 9$	
	$4x = 8$	
	$x = 2$	
Probe:		
	L = {........}	

b)

	Notiere die zugehörige Gleichung.	Kommentar zur Umformung
	$5x + 4 = 2x + 19$	
	$3x + 4 = 19$	
	$3x = 15$	
	$x = 5$	
Probe:		
	L = {........}	

Gleichungen lösen mithilfe der Zahlengeraden

Auch hier stößt die Veranschaulichung wieder an ihre Grenzen, wenn die Gleichung eine Subtraktionsaufgabe enthält oder die Lösung ein Bruch oder eine negative Zahl ist. Wie schon bei den Gleichungen vorher kannst du die Veranschaulichung an der Zahlengeraden als Hilfe nehmen.

Beispiel: 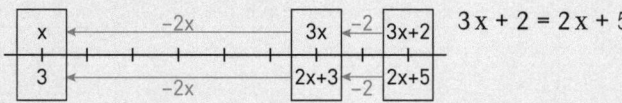 $3x + 2 = 2x + 5$

15. Löse die folgenden Gleichungen an der Zahlengeraden. Arbeite in deinem Heft.

a) $3x + 5 = 4x - 3$ **b)** $2x - 7 = 5x + 4$ **c)** $2x - 6 = 4x + 3$

Zusammenfassen von Variablen

Information

> **Addieren und Subtrahieren von Vielfachen einer Variablen**
> Man addiert (subtrahiert) Vielfache einer Variablen, indem man die Zahlfaktoren addiert (subtrahiert). Der Zahlfaktor „1" wird weggelassen.
> Beispiele: (1) $3x + x = 4x$ (2) $2x - 2x = 0x = 0$ (3) $-4x - 3x = -7x$
> **Vertauschen von Additions- und Subtraktionsschritten**
> Vom Rechnen mit rationalen Zahlen weißt du, dass man aufeinanderfolgende Additions- und Subtraktionsschritte beliebig vertauschen darf. Dies gilt auch dann, wenn Vielfache einer Variablen addiert und subtrahiert werden.
> Beispiel: $3x + 4 - 7x - 5 = 3x - 7x + 4 - 5 = -4x - 1$

16. Vereinfache.

a) $3x + 5x = $ _____ **b)** $4x - 8x = $ _____ **c)** $5t - 8t = $ _____ **d)** $6r + 12r = $ _____

17. Zerlege in eine Summe aus zwei Summanden.

a) $14x = $ _____ **b)** $8b = $ _____ **c)** $6y = $ _____ **d)** $16z = $ _____

18. Fasse zusammen.

a) $5x - 6 + 4x - 7 = $ _____ **b)** $5t + 3 - 7t - 7 = $ _____ **c)** $4s - 6 + 3s - 5 = $ _____

Gleichungen lösen

Information

> **Strategie beim Bestimmen der Lösungsmenge einer Gleichung**
> Gehe zum Lösen einer Gleichung in folgenden Schritten vor:
> (1) **Zusammenfassen** sowohl der Variablen als auch der Zahlen auf beiden Seiten der Gleichung.
> (2) **Sortieren** der Summanden: mit Variable auf eine Seite, ohne Variable auf die andere Seite der Gleichung (Anwenden der Additions- und Subtraktionsregel für Gleichungen).
> (3) **Isolieren** der Variablen durch Division durch deren Vorfaktor (Anwenden der Multiplikations- und Divisionsregel für Gleichungen).
>
> Beispiel: $3x + 4 + 2x = 5 - 3x - 3$
> Schritt (1): $5x + 4 \qquad = -3x + 2 \qquad | + 3x$
> Schritt (2): $8x + 4 \qquad = 2 \qquad\qquad | - 4$
> $8x \qquad\qquad = -2 \qquad\quad | : 8$
> Schritt (3): $x \qquad\qquad = -\frac{1}{4}$
> $\qquad\qquad\qquad L = \left\{ -\frac{1}{4} \right\}$

19. Bestimme die Lösungsmenge.

a) $3x + 5 = 4x - 7$ **b)** $3x - 7 = 5x + 15$ **c)** $16x + 27 = 35 + 23x$

20. Bestimme die Lösungsmenge.

a) $14x + 24 - 5x + 17 + 2x = 13x - 56 + 4x$ **b)** $45x - x + 21 = 32x - 14 - 23$

21. Kontrolliere Maltes Hausaufgaben. Korrigiere falsche Rechnungen.

$$\begin{array}{rll} 2x - 3 &= 5x + 7 & |+3 \\ 2x &= 5x + 4 & |-5x \\ 3x &= 4 & |:3 \\ x &= \frac{3}{4} & \end{array}$$

$$\begin{array}{rll} 7x + 5 &= 2x - 2 & |-2x \\ 5x + 5 &= -2 & |-5 \\ 5x &= -5 & |:(-1) \\ x &= 1 & \end{array}$$

22. Du weißt bereits, dass es Gleichungen gibt, die unendlich viele ($L = \mathbb{Q}$) oder gar keine Lösungen ($L = \{\ \}$) haben. Bestimme die Lösungsmenge der folgenden Gleichungen. Arbeite im Heft.

a) $2 + 3x - 8 = x + 2x - 6$ **c)** $9x + x = 11x$

b) $6x + 12 = 30 - 2x + 6$ **d)** $4x - 6x + 11 = 10x + 2 - 12x + 10$

23. Löse die folgenden Zahlenrätsel. Arbeite im Heft.

a) Addiert man zum Fünffachen einer Zahl 2, erhält man das Doppelte der Zahl vermehrt um acht.

b) Subtrahiert man vom Sechsfachen einer Zahl 4, erhält man 20 vermindert um das Doppelte der Zahl.

Anwenden von Gleichungen

Information

> **Strategie beim Lösen einer Sachsituation mithilfe einer Gleichung**
>
> (1) Beschreibe den **Sachverhalt** zunächst **vereinfacht**. Fertige dazu auch eine Skizze, ein Diagramm oder eine Tabelle an, in die du die gegebenen Größen einträgst. Vereinbare eine Variable (z. B. x oder y oder s oder ...) für eine gesuchte Größe und ergänze damit die Skizze, das Diagramm oder die Tabelle.
>
> (2) Stelle eine **Gleichung** auf und bestimme die **Lösungsmenge**.
>
> (3) Kontrolliere, ob es noch eine **einschränkende Bedingung** für die Variable gibt. Suche dann die Lösungen heraus, die diese Bedingung erfüllen.
>
> (4) Führe eine **Probe** an der Sachsituation bzw. dem Aufgabentext durch.
>
> (5) **Runde** sinnvoll und formuliere einen **Antwortsatz**.
>
> Ein ausführlich dargestelltes Beispiel findest du in deinem Buch auf S. 259.

24. Sylvia besitzt 60 Murmeln. Sie hat fünfmal so viel blaue Murmeln wie rote und viermal so viel gelbe wie rote. Bestimme die Anzahl der roten Murmeln.

    (1) **Vereinfachtes Beschreiben der Situation:**

        1. rote Murmeln + blaue Murmeln + gelbe Murmeln = 60

        2. blaue Murmeln: 5-mal rote Murmeln

        3. gelbe Murmeln: 4-mal rote Murmeln

    (2) **Aufstellen und Lösen einer Gleichung:**

        x: Anzahl der roten Murmeln   .... + ... + ... = ...

        ....x = ... | ....

        x = ...

    (3) **Bestimmen der Lösungsmenge der Gleichung:** L = { .... }

    (4) **Probe am Sachverhalt:**   x = ...

        also ....

    (5) **Ergebnis:** Sylvia besitzt .... rote Murmeln.

25. Die drei Meerschweinchen Patschi, Topsi und Mopsi wiegen zusammen 3,5 kg. Mopsi ist doppelt so schwer wie Patschi und Topsi wiegt $\frac{5}{6}$-mal so viel wie Mopsi. Bestimme das jeweilige Gewicht der Meerschweinchen.

26. Die Schwebebahn in Wuppertal braucht für die 8 km vom Hauptbahnhof bis zur Endhaltestelle Oberbarmen 14 Minuten. Die Buslinie 611 fährt fast parallel zur Schwebebahn, braucht aber für eine Strecke 27 Minuten.

An einem Morgen startet die Schwebebahn in Oberbarmen zum gleichen Zeitpunkt wie die Buslinie 611 am Hauptbahnhof. Bestimme, nach wie viel Minuten und nach wie viel Kilometern die Schwebebahn über dem Bus schwebt.

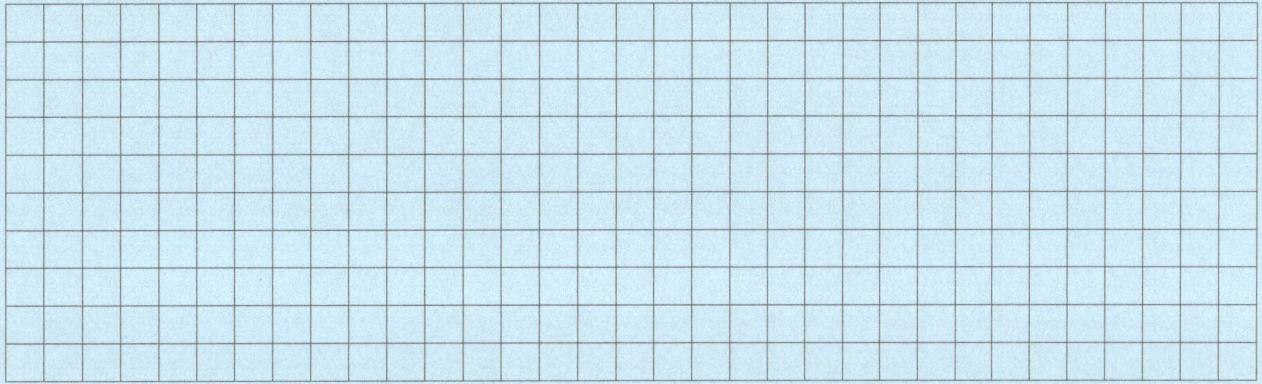

45 min

Beginn: .... Ende: ....

Klassenarbeit 7.1

Themen: Lösen von Gleichungen durch Probieren, Vereinfachen von Termen, Lösen von Gleichungen, Anwenden von Gleichungen, Prozente berechnen (Wdh.)

1. Löse folgendes Zahlenrätsel durch Aufstellen einer Gleichung und Probieren mit einer Tabelle.
   Wenn man eine Zahl mit sich selbst multipliziert, erhält man genauso viel, wie wenn man die Zahl mit 7 multipliziert und 12 subtrahiert.

10

2. Vereinfache folgende Terme so weit wie möglich.
   a) $23x + 5 + 31x - 6$ **b)** $4y - 7y + 15 - 2$ **c)** $3t - 2t - 5t + 10t$

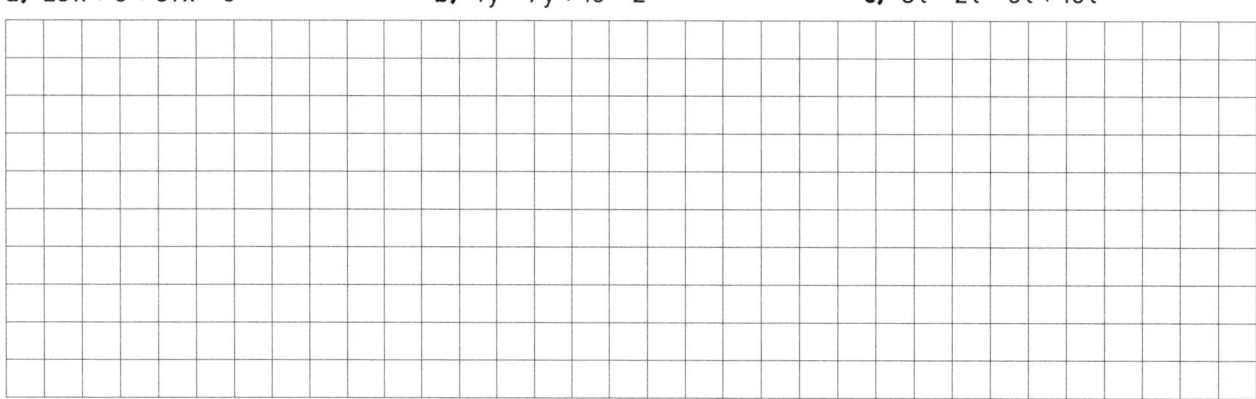

3

3. Löse folgende Gleichungen und gib die Lösungsmenge an.

a) $3x + 6 = 21$ **c)** $3,2a + 16 = 32a$

b) $-12x - 23 = -83$ **d)** $50 - 7b = 29$

12

4. Gegeben sei ein Quader, von dem Folgendes bekannt ist: Die Breite ist 3 cm länger als die Höhe. Die Länge ist doppelt so groß wie die Breite.

a) Gib einen Term zur Berechnung des Volumens dieses Quaders an.

b) Wie groß ist das Volumen, wenn die Höhe 6 cm beträgt?

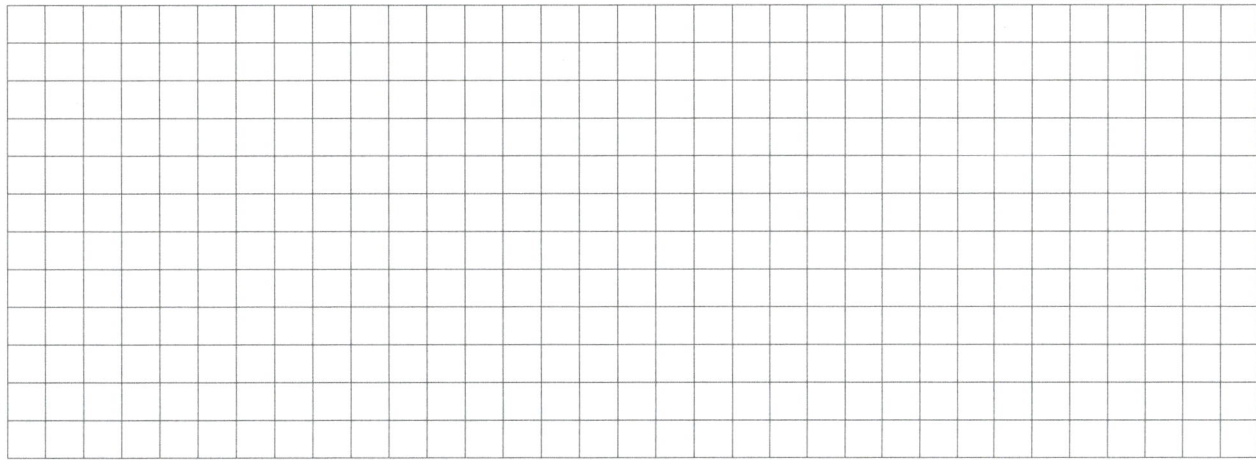

5

5. Berechne.

a) 10 % von 150 € ....

b) 7,5 % von 255 m ....

c) 18 % von 70 dm ....

3

33–25 Punkte	24–17 Punkte	16–0 Punkte
☺	😐	☹

Gesamtpunktzahl   33

45 min

Klassenarbeit 7.2

Themen: Grenzen der Veranschaulichung, Gleichungen auch mit Sonderfällen lösen, Zahlenrätsel, Anwendungsaufgaben, Prozente berechnen (Wdh.)

1. Für Gleichungen haben wir das Bild einer Waage benutzt. Erkläre, warum sich dieses Bild eignet und wo es seine Grenzen hat.

....

....

....

....

....

5

2. Löse die folgenden Gleichungen. Dabei können auch Sonderfälle auftreten.

a) $3x\ 5 = 3x + 6$ **c)** $2,3x = 12 + 5x - 5$ **e)** $2z + 1,5 - 3z = -3z + 1,5$

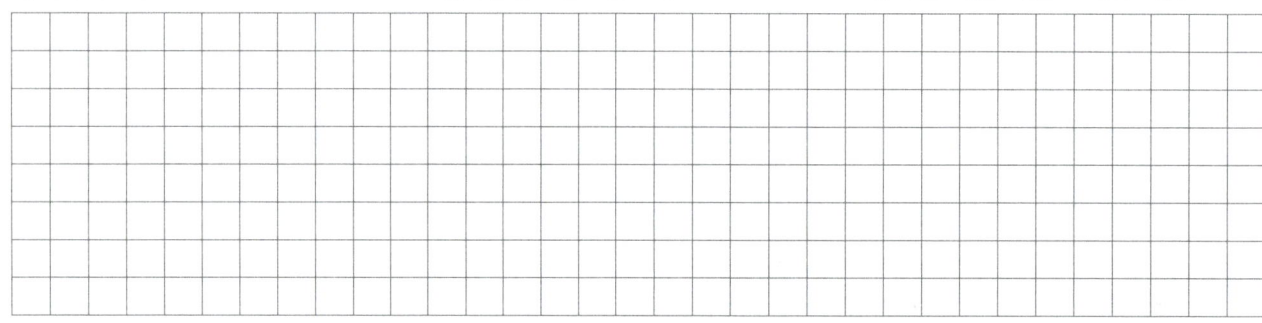

b) $8x + 13 - 6 = 15$ **d)** $2x + x + 7 = 4x - x + 9 - 2$ **f)** $\frac{2}{3}a + 5 = \frac{5}{6} - 1$

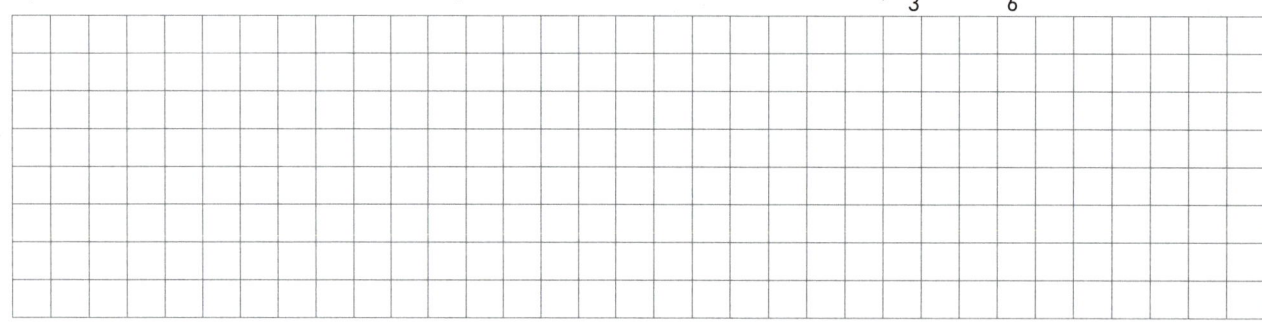

22

3. Löse das Zahlenrätsel.

    a) Die Summe aus dem Fünffachen einer Zahl und 11 ist 51.

    b) Fatima ist 5 Jahre jünger als Sarah. Zusammen sind sie 21 Jahre alt. Bestimme das Alter von Fatima und Sarah. (Hinweis: Nenne eines der beiden Kinder x und schreibe damit die im Text stehenden Angaben als Gleichung.)

10

4. Ordne durch einen Verbindungslinie den Gleichungen A, B und C je eine äquivalente Gleichung 1, 2 oder 3 zu.

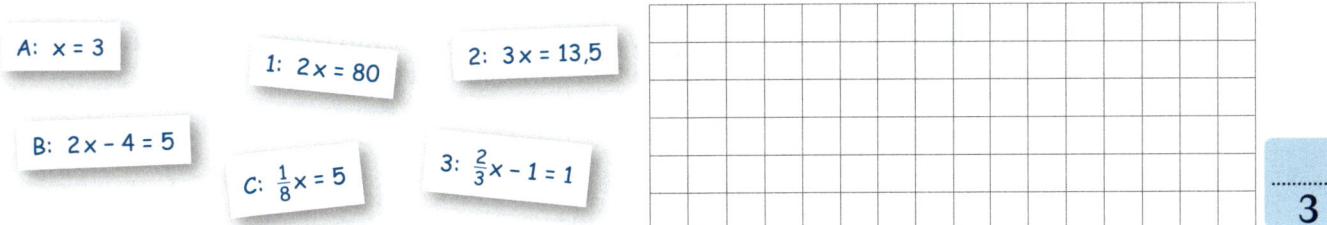

A: $x = 3$

1: $2x = 80$

2: $3x = 13{,}5$

B: $2x - 4 = 5$

C: $\frac{1}{8}x = 5$

3: $\frac{2}{3}x - 1 = 1$

3

5. Ein Dreieck hat einen Umfang von 37,8 cm. Die längste Seite ist 4,3 cm länger als die mittlere Seite des Dreiecks und die kürzeste Seite ist 3,1 cm kürzer als die mittlere Seite des Dreiecks.
Bestimme die Länge der Dreiecksseiten.

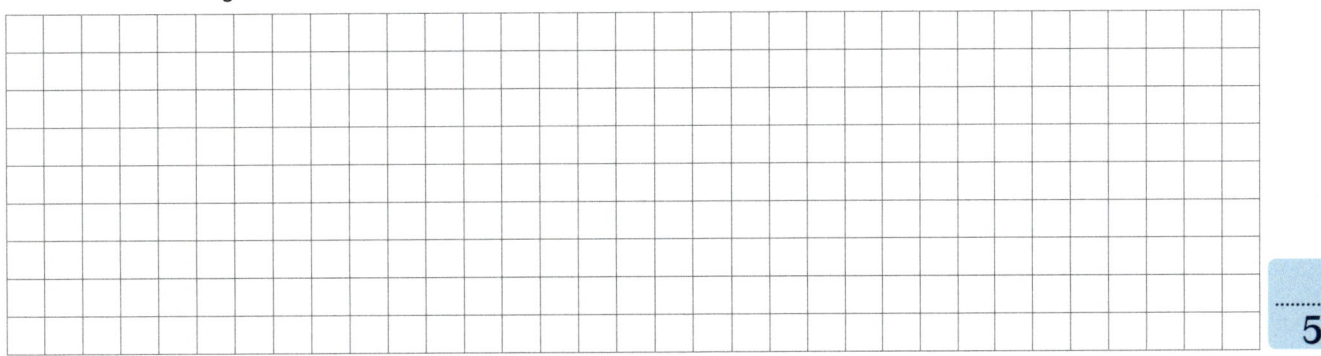

5

6. Auf einer weiterführenden Schule sind 1200 Schülerinnen und Schüler. Am Tag der Sportfestes fehlen 13 von ihnen wegen Erkrankung, 50 von ihnen sind in der Woche des Sportfestes auf Klassenfahrt und 30 der älteren Schüler helfen den Lehrern an den einzelnen Wettkampfstationen.
  a) Ermittle, wie viele Schülerinnen und Schüler aktiv am Sportfest teilnehmen.
  b) Bestimme die Prozentsätze der Anzahl von Schülerinnen und Schüler, die erkrankt und auf Klassenfahrt sind, die als Helferinnen und Helfer beim Sportfest nicht aktiv teilnehmen und die aktiv sind.

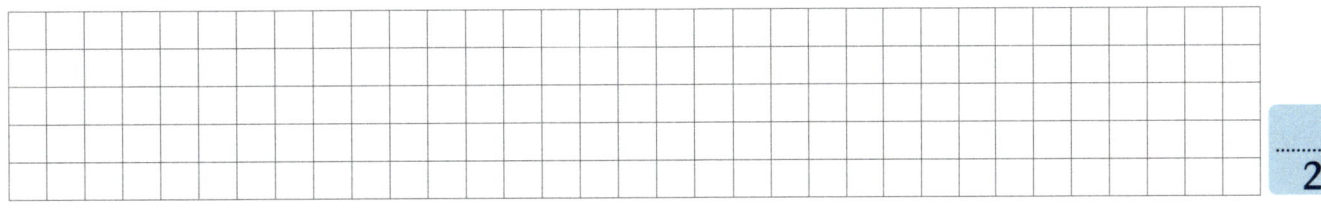

2

47 – 35 Punkte	34 – 24 Punkte	23 – 0 Punkte
☺	☺	☹

Gesamtpunktzahl   47

45
min

Beginn: .... Ende: ....

Klassenarbeit 7.3

Themen: Terme vereinfachen, Gleichungen lösen, Fehler beim Lösen von Gleichungen aufdecken und korrigieren, Lösen von Gleichungen mit Sonderfällen, Anwendungen

1. Vereinfache folgende Terme.

a) $2x + 6 - 3x + 6$ **b)** $5x - 2(4x + 0,5) + 3x$ **c)** $7a + 4 - a + 6$

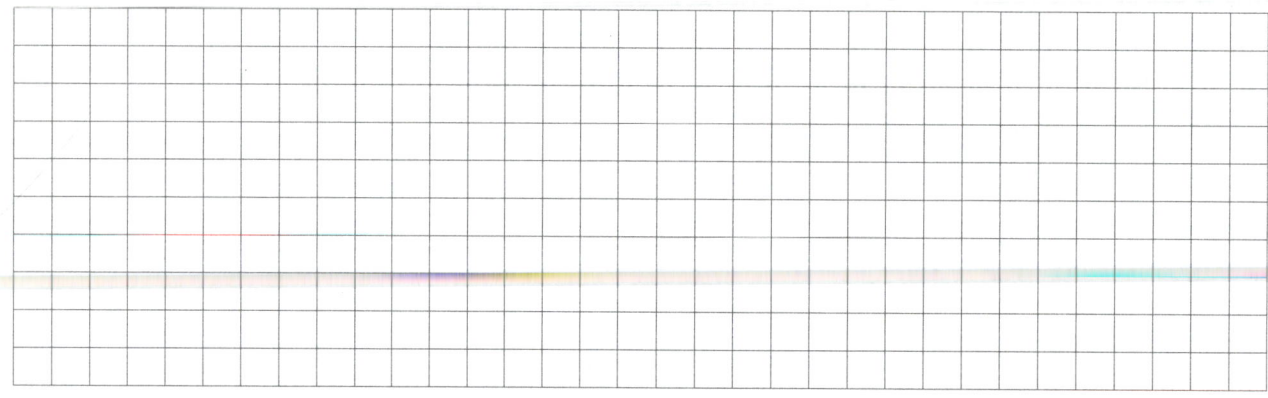

5

2. Stelle eine Gleichung auf und ordne die richtige Lösung zu.

a) Wenn du eine Zahl verdreifachst und zu 5 addierst, erhältst du 11.

b) Wenn du 2,5 von einer Zahl x subtrahierst, erhältst du das Doppelte von $\frac{5}{4}$.

c) Wenn du das Vierfache einer Zahl von 20 subtrahierst, erhältst du 4.

6

3. a) Überprüfe, ob die nachfolgende Gleichung richtig gelöst worden ist. Für den Fall, dass die Lösung falsch ist, markiere den Fehler und bestimme die richtige Lösung.

b) Alex ist sauer. Da hat er die Probe gemacht und bekommt in der Arbeit trotzdem nicht die volle Punktzahl auf die Aufgabe. Erkläre Alex, warum er die volle Punktzahl nicht verdient hat.

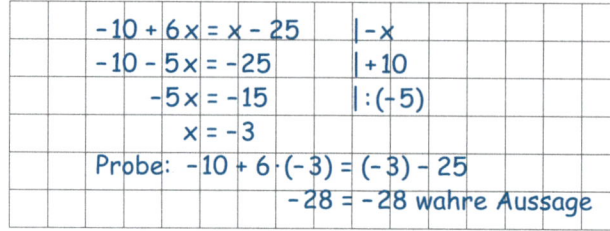

6

4. Löse folgende Gleichungen und gib die Lösungsmenge an.

a) $3x + 6 = 11x - 18$ **b)** $5x = 8x - 3x + 7$ **c)** $7x = 4x + 3x$

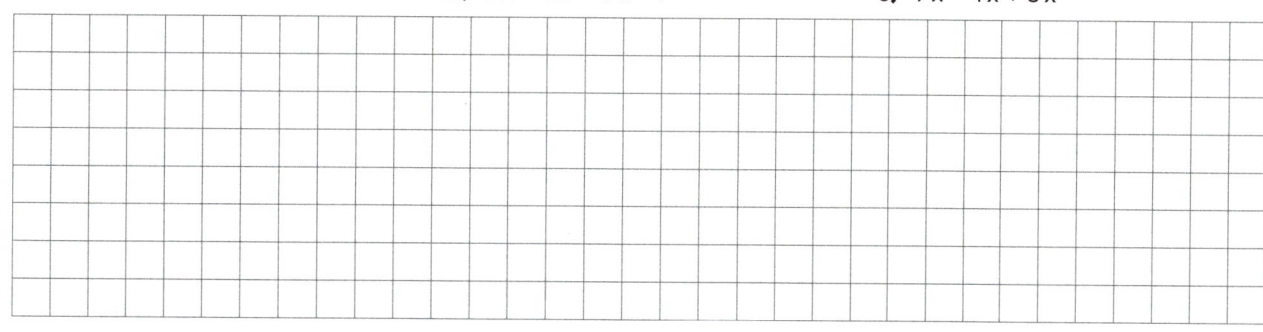

9

5. Marie denkt sich ein Zahlenrätsel aus: „Wenn ich meine Zahl verdopple und dann 5 addiere, erhalte ich 10."

Mailin meint: „Ich habe mir dieselbe gedacht, sie erst halbiert, dann verzehnfacht und sie dann wieder von diesem Ergebnis subtrahiert. Mein Endergebnis heißt auch 10."

Hat Mailin recht?

....

....

....

....

....

8

6. Ein Päckchen ist 30 cm lang und 40 cm breit. Es wird mit 3,30 m Band verschnürt, wovon 10 cm für Knoten und Schleife verbraucht werden. Wie hoch ist das Päckchen?

5

39 – 29 Punkte	28 – 20 Punkte	19 – 0 Punkte
☺	😐	☹

Gesamtpunktzahl 39

Lösungen

1. Zuordnungen

Zum Aufwärmen: Verstehen und Üben

Zuordnungen und ihre Darstellung

Seite 11

1. (1) falsch;   (3) wahr;
    (2) falsch;   (4) wahr.
    Berichtigung (1): Die Geschwindigkeit des Busses hängt im
    Allgemeinen nicht von der Anzahl der Fahrgäste ab, sondern
    von Geschwindigkeitsbegrenzungen, Staus etc.
    Berichtigung (2): Je schneller ein Auto fährt, desto länger ist
    sein Bremsweg.

Seite 12

2.

Temperatur (in °C)	Temperatur (in °F)	
0	32	$0 \cdot 1,8 + 32 = 32$
10	50	$10 \cdot 1,8 + 32 = 50$
20	68	$20 \cdot 1,8 + 32 = 68$
30	86	$30 \cdot 1,8 + 32 = 86$
40	104	$40 \cdot 1,8 + 32 = 104$
50	122	$50 \cdot 1,8 + 32 = 122$
100	212	$100 \cdot 1,8 + 32 = 212$

3. (1) Um 3 Uhr morgens betrug die Temperatur 11 °C.
    (2) Die niedrigste Temperatur herrschte um 4 Uhr,
        nämlich 8 °C.
    (3) Zwischen 1 Uhr und 2 Uhr sank die Temperatur um 3 °C.
    (4) 24 °C herrschten um 11 Uhr.
    (5) Zwischen 8 Uhr und 11 Uhr stieg die Temperatur um 8 °C.
    (6) 12 °C herrschten um 2 Uhr, um 6 Uhr und um 22 Uhr.

Seite 13

4.

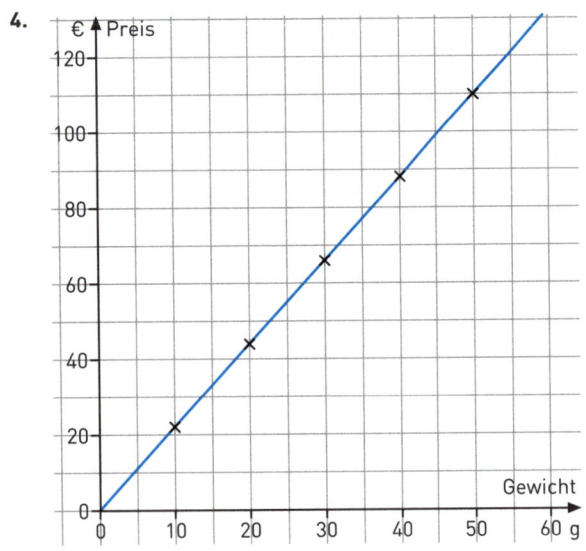

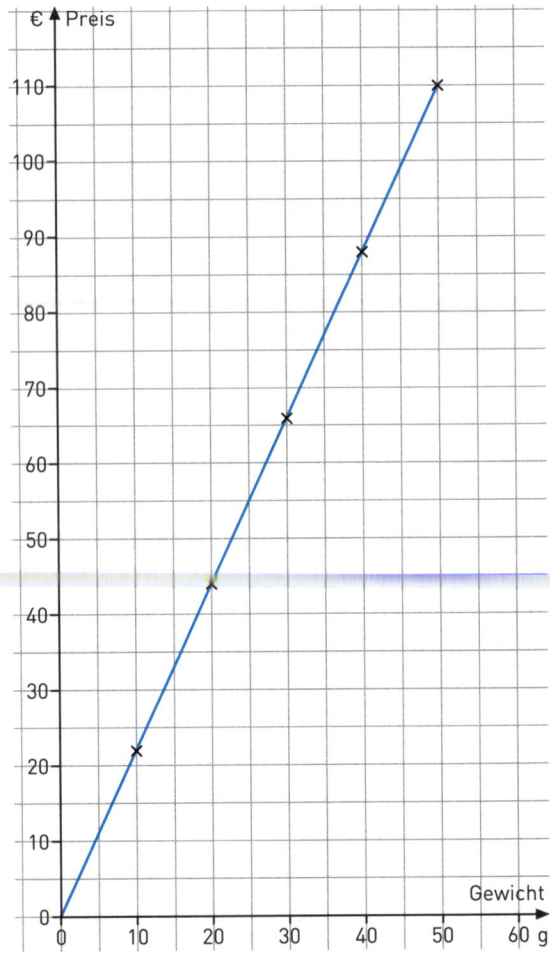

Da es sich um eine proportionale Zuordnung handelt, sind
beide Graphen Halbgeraden durch den Ursprung.
Es gibt bei den x-Werten (dem Gewicht) Zwischenwerte.
Man könnte auch den Preis für 15 g oder für 31,75 g etc.
berechnen. Darum ist es sinnvoll, die Punkte miteinander zu
verbinden.
Durch die unterschiedliche Skalierung auf der Hochachse
wirkt die Halbgerade im linken Koordinatensystem flacher
als im rechten. Beide Halbgeraden stellen jedoch denselben
Sachverhalt dar.

Proportionale und antiproportionale Zuordnungen

Seite 14

5.

	Beispiel	propor-tional	antipro-portional	andere
(1)	5 Eier müssen 5 Minuten gekocht werden.			x
(2)	Der Futtervorrat reicht für 5 Kühe noch 70 Tage.		x	
(3)	Mithilfe von 6 Wasserpumpen ist der Keller in 60 Minuten leer gepumpt.		x	
(4)	6 Gläser Honig kosten 21,90 €.	x		
(5)	Wenn 4 Personen im Auto sitzen, dauert die Fahrt 80 Minuten.			x
(6)	12 Saftflaschen wiegen 14,4 kg.	x		
(7)	Ein Brief, der 10 g wiegt, kostet 0,70 € Porto.			x

6. a)

Anzahl der Blätter	1	4	5	7
Gewicht in kg	3	12	15	21

b)

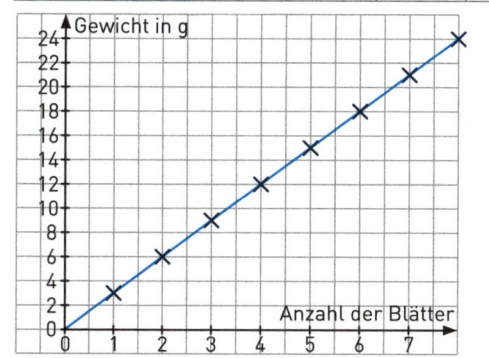

c) 5,5 DIN-A5-Blätter wiegen 16,5 g.

Seite 15

7. a)

Anzahl der Schüler	1	2	4	8
Zeit in min	24	12	6	3

b)

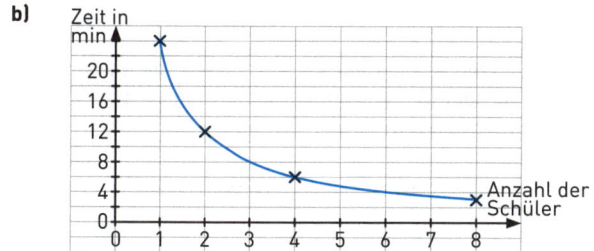

c) 7 Schüler würden ca. 3,4 Minuten benötigen.

Dreisatz bei proportionalen Zuordnungen

8. Erster Satz: In 34 Tagen wurden 544 m gebohrt.

Zweiter Satz: In $\frac{34}{34} = 1$ Tag wurden $\frac{544}{34} = 16$ (m) Tunnel gebohrt.

Dritter Satz: In $1 \cdot 46 = 46$ Tagen werden $16 \cdot 46 = 736$ m Tunnel gebohrt.

Seite 16

9.

Anzahl der Bücher	Preis in €
152	4 028
1	26,50
18	477

: 152 (oben), · 18 (unten) ← links und rechts

Die Nachlieferung für 18 Bücher beträgt 477 €.

Dreisatz bei antiproportionalen Zuordnungen

10.

Kanten-länge 6 cm	Anzahl der Kacheln
8	432
1	3456
6	576

: 8, · 8, · 6, : 6

Kanten-länge 9 cm	Anzahl der Kacheln
8	432
1	3456
9	384

: 8, · 8, · 9, : 9

Bei einer Kantenlänge von 6 cm benötigt der Handwerker 576 Kacheln; bei einer Kantenlänge von 9 cm benötigt man 384 Kacheln.

Quotientengleichheit bei proportionalen Zuordnungen – Proportionalitätsfaktor

Seite 17

11. a)

x	y	Quotient
4	3	$\frac{3}{4}$
6	4,5	$\frac{4,5}{6} = \frac{3}{4}$
8	6	$\frac{3}{8} = \frac{3}{4}$
9	6,75	$\frac{6,75}{9} = \frac{3}{4}$

$p = \frac{3}{4}$

b)

x	y	Quotient
2	8,6	$\frac{8,6}{2} = \frac{43}{10}$
3	12,9	$\frac{12,9}{3} = \frac{43}{10}$
4	17,2	$\frac{17,2}{4} = \frac{43}{10}$
5	21,5	$\frac{21,5}{5} = \frac{43}{10}$

$p = \frac{43}{10}$

c)

x	y	Quotient
1,4	9,8	$\frac{9,8}{1,4} = 7$
3,2	22,4	$\frac{22,4}{3,2} = 7$
4,8	33,6	$\frac{33,6}{4,8} = 7$
5	35,5	$\frac{35,5}{5} = 7,1$

Die Zuordnung ist nicht proportional.

Produktgleichheit bei antiproportionalen Zuordnungen – Gesamtgröße

Seite 18

12. a)

x	y	Produkt
4	9	$4 \cdot 9 = 36$
6	6	$6 \cdot 6 = 36$
8	4,5	$8 \cdot 4,5 = 36$
12	3	$12 \cdot 3 = 36$

$q = 36$

b)

x	y	Produkt
3	8	$3 \cdot 8 = 24$
4	7	$4 \cdot 7 = 28$
5	6	$5 \cdot 6 = 30$
6	5	$6 \cdot 5 = 30$

Die Zuordnung ist nicht antiproportional.

c)

x	y	Produkt
0,7	15	$0,7 \cdot 15 = 10,5$
1,2	12,5	$1,2 \cdot 12,5 = 15$
2,5	6	$2,5 \cdot 6 = 15$
3	5	$3 \cdot 5 = 15$

Die Zuordnung ist nicht antiproportional.

13. a) und **b)**

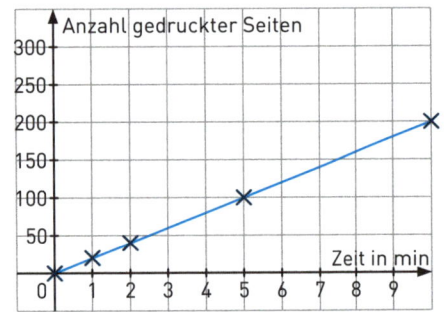

Anzahl der Pumpen	Zeit in h
4	18
1	72
3	24
9	8

3 Pumpen benötigen 24 h, und in 8 h schaffen 9 Pumpen das Becken zu leeren. Das sind 5 zusätzliche Pumpen.

Klassenarbeit 1.1

Seite 19/20

1. Lückentext: Je mehr, desto mehr / verdoppelt / Geraden / Ursprung / quotientengleich / Proportionalitätsfaktor / Dreisatz

(je 1 Punkt für die richtige Lösung der Lücke)

2. a) Aus dem Text ergibt sich die Tabelle und der Graph:

Zeit in min	0	1	2	5	10
Anzahl Seiten	0	20	40	100	200

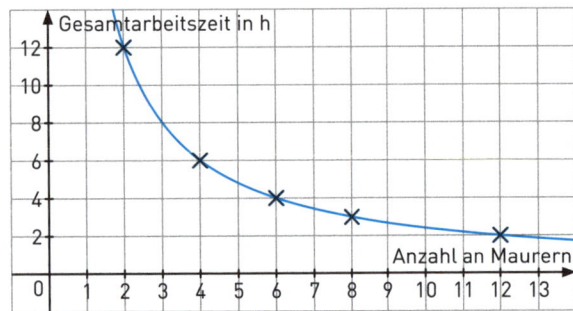

(1 Punkt für die Tabelle, 2 Punkte für den Graphen)

b) Vorschrift: z. B.. Zwei Maurer arbeiten 12 h am Haus. Acht Maurer brauchen für die gleiche Arbeit nur 3 h.

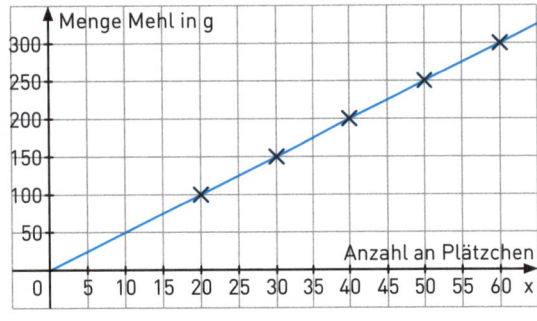

(1 Punkt für die Vorschrift, 2 Punkte für den Graphen)

c)

Anz. Plätzchen	20	30	40	50	60
Menge Mehl in g	100	150	200	250	300

(je 1 Punkt für die Tabelle, 2 Punkte für den Graphen)

3. a) proportional, da es eine „Je mehr – desto mehr"-Zuordnung ist und die Vielfachenregel erfüllt ist.

(2 Punkte)

b) antiproportional, da es eine „Je mehr – desto weniger"-Zuordnung ist und die Vielfachenregel erfüllt ist.

(2 Punkte)

c) keins, da die Wertepaare weder auf einer Ursprungsgeraden noch auf einer Hyperbel liegen. (2 Punkte)

d) keins, da die Gesamtgröße $q = x \cdot y$ nicht bei allen Wertepaaren gleich ist. (2 Punkte)

4. a)

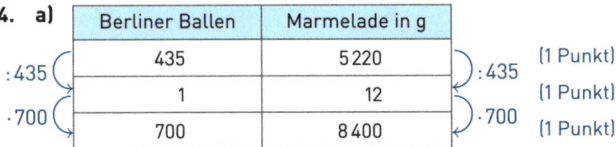

Berliner Ballen	Marmelade in g	
435	5 220	(1 Punkt)
1	12	(1 Punkt)
700	8 400	(1 Punkt)

Für 700 Ballen werden ca. 8 400 g Marmelade benötigt.

(1 Punkt)

b)

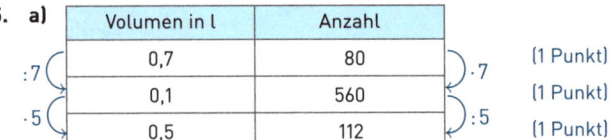

Berliner Ballen	Marmelade in g	
435	5 220	(1 Punkt)
0,083	1	(1 Punkt)
291,6	3 500	(1 Punkt)

Es muss abgerundet werden, da nur ganze Ballen hergestellt werden können; somit können noch 291 Ballen hergestellt werden. (1 Punkt)

5. a)

Volumen in l	Anzahl	
0,7	80	(1 Punkt)
0,1	560	(1 Punkt)
0,5	112	(1 Punkt)

Es können 112 0,5-l-Flaschen mit derselben Menge Olivenöl gefüllt werden. (1 Punkt)

b)

Geschwindigkeit	Minuten	
32	18,75	(1 Punkt)
1	600	(1 Punkt)
40	15	(1 Punkt)

Er benötigt 15 Minuten für dieselbe Distanz mit einer Geschwindigkeit von $40 \frac{km}{h}$. (1 Punkt)

Zum Nacharbeiten					
Aufgabe	1	2	3	4	5
Schulbuch, Seite	29, 30, 44, 45	31, 32, 45, 49	28, 38	35	35, 43

Klassenarbeit 1.2

Seite 21/22

1. Lückentext: Je mehr, desto weniger / halbiert / Hyperbel / Koordinatenachsen / produktgleich / Gesamtgröße q / Dreisatz

(je 1 Punkt für die richtige Lösung der Lücke)

2. a) falsch: David wohnt weiter entfernt.

b) falsch: Die Hochachse gibt die Entfernung zur Schule an und nicht Höhenmeter.

c) falsch: Der Graph zu David ist bis zum Treffpunkt mit Jasper flacher.

d) richtig: Der Graph zu David ist von 7:27 Uhr bis 7:30 Uhr parallel zur Rechtsachse, also wartet er.

e) falsch: David geht um 7:18 Uhr los. Jasper geht um 7:30 Uhr los. Oskar geht um 7:39 Uhr los.

f) richtig: Der Graph zu Jasper schneidet die Rechtsachse um 8:03. Der Schnittpunkt mit dieser Achse gibt den Standort der Schule an.

(je 1 Punkt für das richtige Ankreuzen der Aussage und je 1 Punkt für eine richtige Begründung)

3. a)

Anzahl	3	6	7	16	20
Preis (€)	9	**18**	**21**	**48**	**60**

(je 1 Punkt für den richtigen Wert)

b)

Helfer	6	8	9	10	16
Arbeitszeit in h	**4**	**3**	**2,6̄**	2,4	**1,5**

(je 1 Punkt für den richtigen Wert)

4. a)

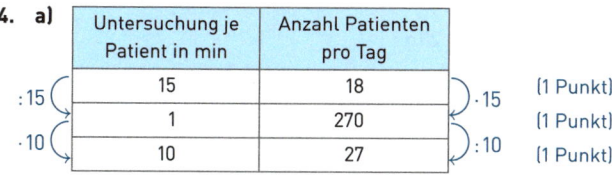

Untersuchung je Patient in min	Anzahl Patienten pro Tag	
15	18	(1 Punkt)
1	270	(1 Punkt)
10	27	(1 Punkt)

:15 / ·15 / ·10 / :10

Es können 27 Anmeldungen eingeplant werden. (1 Punkt)

b)

Untersuchung je Patient in min	Anzahl Patienten pro Tag	
15	18	(1 Punkt)
270	1	(1 Punkt)
7,5	36	(1 Punkt)

·18 / :18 / :36 / ·36

Den Ärzten blieben 7,5 min für die Behandlung. (1 Punkt)

5. a) Alle Wertepaare sind quotientengleich.

$$\frac{7}{10} = \frac{21}{30} = \frac{35}{50} = \frac{42}{60} = \frac{63}{90} = \frac{70}{100} = 0{,}7.$$ (1 Punkt)

Damit lautet die Vorschrift $y = 0{,}7 \cdot x$. (1 Punkt)

b)

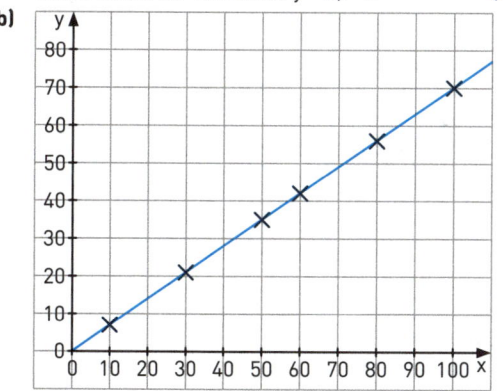

(3 Punkte)

c) Wertepaare (30 | 21) und (70 | 70 · 0,7 = 49) (1 Punkt)
Die Behauptung stimmt, da bei proportionalen Zuordnungen die Summenregel gilt. (1 Punkt)
(30 + 70 = 100 | 21 + 49 = 70) (1 Punkt)

Zum Nacharbeiten					
Aufgabe	1	2	3	4	5
Schulbuch, Seite	38, 39, 48, 49	26, 27	28, 38	40, 43	33, 35, 44, 45

Klassenarbeit 1.3

Seite 23/24

1. Lückentext: Kennzeichen / Ausgangsgröße / Graphen / Punkt / Linie / quotientengleich / produktgleich / Formel

(je 1 Punkt für die richtige Lösung der Lücke)

2. a) und b)

Vase	Graph	Begründung
▯	4	Da die Vase quaderförmig ist, steigt die Füllhöhe gleichmäßig an.
▮	1	Begründung wie oben. Es wird aber mehr Zeit benötigt, da die Vase doppelt so breit ist.
⬓	5	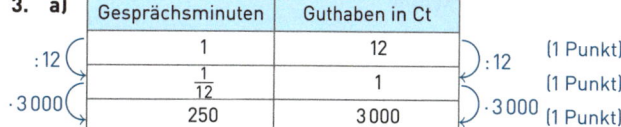
▽	2	Die Vase füllt sich zuerst langsamer, dann schneller, weil sie unten breiter und oben schmaler ist.
△	3	Die Vase füllt sich zuerst schnell, dann langsamer, weil sie unten schmal und oben breiter ist.

(je 1 Punkt für die richtige Zuordnung; je 1 Punkt für die richtige Begründung; 2 Punkte für den gezeichneten Graphen)

3. a)

Gesprächsminuten	Guthaben in Ct	
1	12	(1 Punkt)
$\frac{1}{12}$	1	(1 Punkt)
250	3 000	(1 Punkt)

:12 / ·3 000 / :12 / ·3 000

Man kann mit einem Guthaben von 30 € 250 Minuten lang telefonieren. (1 Punkt)

b)

Strecke in km	Benzinverbrauch in l	
60	4,8	(1 Punkt)
20	1,6	(1 Punkt)
100	8	(1 Punkt)

:3 / :3 / ·5 / ·5

Der LKW verbraucht auf 100 km 8 Liter Benzin. (1 Punkt)

4. a) antiproportional

Anz. Abflüsse	Zeit in h	
4	18	(1 Punkt)
1	72	(1 Punkt)
6	12	(1 Punkt)

:4 / ·4 / ·6 / :6

Das Becken wird in 12 h von 6 Abflüssen geleert. (1 Punkt)

b) antiproportional

Anz. Abflüsse	Zeit in h	
4	18	(1 Punkt)
72	1	(1 Punkt)
9	8	(1 Punkt)

·18 / :18 / :8 / ·8

9 – 6 = 3, es werden zusätzlich 3 Abflüsse benötigt.

(1 Punkt)

c) proportional

Wassermenge l	Zeit in h	
500 000	18	(1 Punkt)
100 000	3,6	(1 Punkt)
400 000	14,4	(1 Punkt)

:5 / :5 / ·4 / ·4

In 14 h und 24 min leeren 4 Abflüsse 400 000 l Wasser.

(1 Punkt)

d) Kombination von proportional und antiproportional
Es gilt: Für 125 000 l hätten die 4 Abflüsse noch 4,5 h
gebraucht (3,6·1,25 = 4,5).   (2 Punkte)

Anz. Abflüsse	Zeit in h
4	4,5
1	18
3	6

:4 ⟍ ⟍ ·4   (1 Punkt)
·3 ⟍ ⟍ :3   (1 Punkt)
(1 Punkt)

Die übrigen 3 Abflüsse benötigen noch 6 Stunden.
(1 Punkt)

Zum Nacharbeiten				
Aufgabe	1	2	3	4
Schulbuch, Seite	19–21	26, 27	35	40, 41

2. Prozentrechnung

Zum Aufwärmen: Verstehen und Üben

Wiederholung – Veranschaulichen von Anteilen und Prozentschreibweise

Seite 25

1.

	a)	b)	c)	d)
Prozent- angabe	25 %	20 %	75 %	$66,\overline{6}$ %
Dezimal- zahl	0,25	0,2	0,75	$0,\overline{6}$
Bruch	$\frac{1}{4}$	$\frac{1}{5}$	$\frac{3}{4}$	$\frac{2}{3}$
Diagramm				

2. a) $\frac{7}{20} = \frac{35}{100} = 35\,\%$

b) $\frac{48}{120} = \frac{8}{20} = \frac{40}{100} = 40\,\%$

c) $\frac{3}{125} = \frac{24}{1\,000} = \frac{2,4}{100} = 2,4\,\%$

d) $\frac{45}{50} = 45 : 50 = 0,9 = 90\,\%$

Seite 26

3. Peter: $\frac{21}{32} = 21 : 32 \approx 0,66 = 66\,\%$

Paul: $\frac{15}{24} = 15 : 24 \approx 0,63 = 63\,\%$

Peter hat den größeren Anteil in % erhalten.

Begriffe in der Prozentrechnung

4. a) G = 580 Schülerinnen und Schüler
W = 174 Schülerinnen und Schüler
p % = 30 %

b) G = 30 Schülerinnen und Schüler
W = sechs Schülerinnen und Schüler
p % = 20 %

c) G = 41 034 km², W = 12 105 km², p % = 29,5 %

Berechnen des Prozentsatzes

Seite 27

5. a) $p\,\% = \frac{3}{4} \cdot 100\,\% = 75\,\%$ **c)** $p\,\% = \frac{105}{60} \cdot 100\,\% = 175\,\%$

b) $p\,\% = \frac{11}{20} \cdot 100\,\% = 55\,\%$ **d)** $p\,\% = \frac{35}{250} \cdot 100\,\% = 14\,\%$

6. G = 525 Fahrräder, W = 147 Fahrräder,
$p\,\% = \frac{147}{525} \cdot 100\,\% = 28\,\%$

Berechnen des Prozentwertes

7. a) W = 200 t · 10 % = 20 t   **c)** W = 620 l · 3 % = 18,6 l
b) W = 5 000 m · 0,5 % = 25 m   **d)** W = 86 kg · 35 % = 30,1 kg

8. G = 95 €, p % = 25 %, W = 95 € · 25 % = 23,75 €
Die Lampe kostete 23,75 €.

Berechnen des Grundwertes

Seite 28

9. a) $G = \frac{10\,€}{1\,\%} = 1000\,€$ **c)** $G = \frac{4\,m}{0,8\,\%} = 500\,m$

b) $G = \frac{3,8\,g}{19\,\%} = 20\,g$

10. W = 210 Besucher, p % = 28 %, G = 210/(28 %) = 750
Es sind 750 Besucher im Freibad.

11. a) p % = 5 %   **c)** W = 44,44
b) G = 1000   **d)** p % = 90,00 %

Seite 29

12. G = 450 m², p % = 32 %; W = 450 m² · 32 % = 144 m²
Herr Blümchen muss für 144 m² Rasensamen kaufen.

13. a) $10\,\% + \frac{1}{4} + 2 \cdot \frac{1}{4} = 10\,\% + 25\,\% + 50\,\% = 85\,\%$;
30 € entsprechen 15 % des Gesamtbetrages (100 %).
$G = \frac{30\,€}{15\,\%} = 200\,€.$

b) Geld von Oma 36°
Geld von Zeitung 90°
Geld von Nachhilfe 180°
Geld von Onkel Paul 54°

Prozentberechnung mit dem Dreisatz

Seite 30

14. G = 1875 €, p % = 30 %

Prozent	Euro
100	1875
1	18,75
30	562,50

15. G = 562 €, W = 499 €

Prozent	Euro
100	562
$\frac{100}{562}$	1
$\frac{100}{562} \cdot 499 = 88,79$	499

p % = 88,79 %.
Um die Preissenkung zu
bestimmen:
100 % – 88,79 % = 11,21 %

Prozentuale Änderungen – Erhöhung – Wachstumsfaktor

Seite 31

16. a) $q = \left(1 + \frac{1}{100}\right) = 1,01$; Neuer Preis = 2 050 € · 1,01 = 2 070,50 €

b) $q = \left(1 + \frac{2}{100}\right) = 1,02$; Neuer Preis = 1850 € · 1,02 = 1887 €

c) $q = \left(1 + \frac{5}{100}\right) = 1,05$; Neuer Preis = 500,20 € · 1,05 = 525,21 €

d) $q = \left(1 + \frac{3,5}{100}\right) = 1,035$; Neuer Preis = 1,88 € · 1,035 ≈ 1,95 €

e) $q = \left(1 + \frac{2,3}{100}\right) = 1,023$; Neuer Preis = 555 € · 1,023 ≈ 567,77 €

17. $G = 342{,}75$, $p\% = 19\%$

$W = 342{,}75 \cdot 1{,}19 \approx 407{,}87$; $W = 342{,}75 \cdot 19\% \approx 65{,}12$

Der neue Preis beträgt 407,87 €. Die MwSt. beträgt 65,12 €.

Prozentuale Änderungen – Abnahme – Abnahmefaktor

Seite 32

18. a) $q = \left(1 - \frac{10}{100}\right) = 0{,}9$; Neuer Preis = 19,90 € · 0,9 = 17,91 €

b) $q = \left(1 - \frac{20}{100}\right) = 0{,}8$; Neuer Preis = 29,90 € · 0,8 = 23,92 €

c) $q = \left(1 - \frac{30}{100}\right) = 0{,}7$; Neuer Preis = 29,90 € · 0,7 = 20,93 €

d) $q = \left(1 - \frac{50}{100}\right) = 0{,}5$; Neuer Preis = 39,90 € · 0,5 = 19,95 €

e) $q = \left(1 - \frac{70}{100}\right) = 0{,}3$; Neuer Preis = 49,90 € · 0,3 = 14,97 €

19. $G = 899$ €, $p\% = 17\%$

$W = 899 \cdot 0{,}83 \approx 746{,}17$; $W = 899 \cdot 17\% \approx 152{,}83$

Der neue Preis beträgt 746,17 €. Der Preisnachlass beträgt 152,83 €.

Seite 33

20. a) $G_E = 1320$; $G_G = 875$; $p\% = 19\%$

$W_G = 875 \cdot 19\% = 166{,}25$;

$G = G_G + W_G = 875 + 166{,}25 = 1041{,}25$

Die Ware kostet im Großhandel 1041,25 €.

b) $p\% = \frac{1\,041{,}25}{1\,320} \cdot 100\% \approx 79\%$; $100\% - 79\% = 21\%$

Die Ware ist um 21% preiswerter.

21. $G = 5\,800$, $p\% = 28\%$

$q = \left(1 + \frac{28}{100}\right) = 1{,}28$; $W = 5\,800 \cdot 1{,}28 = 7\,424$

Es sind 7 424 Waschmaschinenteile.

22. $G = 130$ €, $p\% = 11\%$

$q = \left(1 + \frac{11}{100}\right) = 1{,}11$; $W = 130 \cdot 1{,}11 = 144{,}30$

Nach der Preiserhöhung kostet das Spiel 144,30 €.

$G = 144{,}30$ €, $p\% = 11\%$

$q = \left(1 - \frac{11}{100}\right) = 0{,}89$; $W = 144{,}30 \cdot 0{,}89 \approx 128{,}43$

Das Computerspiel kostet nach der Preissenkung 128,43 €. Michaels Aussage ist falsch, da 144,30 € ≠ 128,43 €.

Zinsrechnung als besondere Prozentrechnung

Seite 34

23. $K = 99$ €, $p\% = 3\%$

$Z = 99$ € · 3% = 2,97 €; 99 € + 2,97 € = 101,97 €

Laura bekommt 101,97 € zurück.

24. $K = 9\,250$ €, $p\% = 12\%$

$Z = 9\,250$ € · 12% · $\frac{1}{12} = 92{,}5$ €

Herr Maus muss einen monatlichen Zinsbetrag von 92,5 € aufbringen.

Klassenarbeit 2.1

Seite 35

1. a) $\frac{35}{100}$; 0,35; 35%   **c)** $\frac{67}{100}$; $\frac{67}{100}$; 67%

b) $\frac{3}{8}$; 0,375; 37,5%   **d)** $\frac{21}{500}$; $\frac{42}{1\,000}$; 0,042

(je 0,5 Punkte für die richtige Lösung)

2. Da 100% dem Vollwinkel von 360° entsprechen, gilt:

25% ≙ 90°;
40% ≙ 144°;
20% ≙ 72°;
15% ≙ 54°.

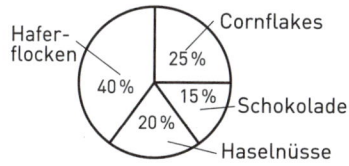

(je 1 Punkt für den richtigen Winkel und 1 Punkt für die richtige Zeichnung)

3. a) $W = 300 \cdot 2\% = 6$ **c)** $G = \frac{6{,}9}{2{,}4\%} = 287{,}5$

b) $p\% = \frac{45}{900} \cdot 100\% = 5\%$ (je 2 Punkte)

4. $W = 9{,}81$ €; $p\% = 18\%$; $G = \frac{9{,}81\text{€}}{18\%} = 54{,}5$ €   (je 1 Punkt)

Das Skateboard hat ursprünglich 54,50 € gekostet. (1 Punkt)

5. Die äußere Figur ist ein Rechteck.

$A_{\text{Rechteck}} = a \cdot b = 4\,\text{cm} \cdot 6\,\text{cm} = 24\,\text{cm}^2$

Das ist der Grundwert: $G = 24\,\text{cm}^2$.   (1 Punkt)

Die blaue Figur kennst du bereits. Es ist ein Trapez.

$A_{\text{Trapez}} = \frac{a+c}{2} \cdot h = \frac{6\,\text{cm} + 2\,\text{cm}}{2} \cdot 4\,\text{cm} = 16\,\text{cm}^2$

Das ist der Prozentwert: $W = 16\,\text{cm}^2$.   (1 Punkt)

$p\% = \frac{W}{G} = \frac{16\,\text{cm}^2}{24\,\text{cm}^2} = 66{,}666\ldots$ (1 Punkt)

Der prozentuale Anteil der blauen Fläche beträgt ca. 66,67%. (1 Punkt)

Du kannst die blaue Figur auch in ein Rechteck und ein Quadrat zerlegen und darüber den Flächeninhalt ermitteln.

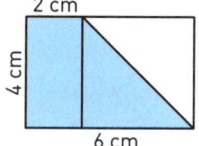

Zum Nacharbeiten					
Aufgabe	1	2	3	4	5
Schulbuch, Seite	9–11	63, 90	59, 60, 62, 66	68, 69	88

Klassenarbeit 2.2

Seite 36

1. a) $Z = 8\,000$ € · 5% = 400 €   (1 Punkt)

b) $p\% = \frac{555\text{€}}{15\,500\text{€}} \approx 3{,}58\%$ (1 Punkt)

c) $K = \frac{480\text{€}}{12\%} = 4\,000$ €   (1 Punkt)

d) $Z = 500\,000$ € · 6,5% = 32 500 €   (1 Punkt)

2. a) $\frac{1}{3} = 1:3 = 0{,}\overline{3} = 33{,}\overline{3}\%$ (1 Punkt)

b) $\frac{9}{1\,000} = \frac{0{,}9}{100} = 0{,}9\%$ (1 Punkt)

c) $\frac{33}{44} = \frac{3}{4} = \frac{75}{100} = 75\%$ (1 Punkt)

d) $\frac{28}{21} = \frac{4}{3} = 1{,}\overline{3}$; $1{,}\overline{3} \cdot 100\% = 133{,}\overline{3}\%$ (1 Punkt)

3. $K = 7\,000$ €; $p\% = 0{,}8\%$ (je 1 Punkt)

$Z = 7\,000$ € · 0,8% · $\frac{144}{360} = 22{,}40$ €   (2 Punkte)

Die Zinsen für 144 Tage betragen 22,40 €.

4. Die Mehrwertsteuer ist bereits im Gesamtbetrag von 45,48 € enthalten.   (1 Punkt)

$W = 45{,}48$ €; $p\% = 19\%$; $q = 1{,}19$;   (je 1 Punkt)

$G = \frac{W}{q} = \frac{45{,}48\text{€}}{1{,}19} \approx 38{,}22$ €   (2 Punkte)

$W = 38{,}22$ € · 19% ≈ 7,26 €.   (1 Punkt)

Der Ausweis der Mehrwertsteuer von 7,26 € ist korrekt bei einem Grundwert von 38,22 €. Der Tankwart hat Recht.

(1 Punkt)

5. $G = 69{,}99\,€$; $p\% = 20\%$; $q = 1 - 0{,}2 = 0{,}8$ (je 1 Punkt)
$W = 69{,}99\,€ \cdot 0{,}8 \approx 55{,}99\,€$ (1 Punkt)
Nach Abzug des ersten Rabattgutscheins ergibt sich ein Prozentwert von 55,99 €.
$W_{neu} = 55{,}99\,€ \cdot 0{,}8 \approx 44{,}79\,€$ (1 Punkt)
Nach Abzug des zweiten Rabattgutscheins ergibt sich ein Prozentwert von 44,79 €. Die Kassiererin nimmt direkt 40 % Rabatt vom Grundwert, also $W = 69{,}99\,€ \cdot 0{,}6 \approx 41{,}99\,€$, was falsch ist, und kassiert nur 41,99 € von Laura ab. (1 Punkt)

Zum Nacharbeiten					
Aufgabe	1	2	3	4	5
Schulbuch, Seite	82	85, 89	84	79, 80	71, 74

3. Winkel in Figuren

Zum Aufwärmen: Verstehen und Üben

Scheitelwinkel und Nebenwinkel

Seite 37

1.

Winkel α	Winkel β	Winkel γ	Winkel δ
65°	115°	65°	115°
100°	80°	100°	80°
69°	111°	69°	111°
140°	40°	140°	40°

2.

Winkel α	Winkel β	Winkel γ	Winkel δ	Winkel ε
75°	105°	20°	55°	105°
125°	55°	45°	80°	55°
100°	80°	40°	60°	80°
130°	50°	55°	75°	50°
140°	40°	110°	30°	40°
95°	85°	45°	50°	85°

Stufenwinkel und Wechselwinkel

Seite 38

3.

	α	β	γ	Begründung
(1)	100°	80°	80°	β = 80° Stufenwinkel; α + β = 180° Nebenwinkel; γ = 80° Scheitelwinkel zu β
(2)	70°	110°	70°	α = 70° Stufenwinkel; α + β = 180° Nebenwinkel; γ = 70° Scheitelwinkel
(3)	60°	80°	40°	α = 60° Stufenwinkel; γ = 40° Stufenwinkel; 40° + Scheitelwinkel zu β + α = 180°

Innenwinkel in Dreiecken

Seite 39

4. a) $\alpha = 90°$; $\beta = 90°$; $\gamma = 35°$
b) $\alpha = 75°$; $\beta = 60°$; $\gamma = 45°$
c) $\alpha = 100°$; $\beta = 115°$; $\gamma = 20°$

Verschiedene Arten von Dreiecken

Seite 40

5.

α	β	Bedingung
60°	30°	γ ist dreimal so groß wie β.
30°	60°	β ist doppelt so groß wie α.
15°	75°	β = 75°
55°	35°	γ ist um 35° größer als α.

6. Wir nehmen an, dass γ der Winkel an der Spitze ist und α und β die Basiswinkel sind. Da das Dreieck gleichschenklig ist, sind die Basiswinkel gleich groß: α = β.
Die beiden Basiswinkel sollen doppelt so groß wie γ sein: α = 2 · γ und β = 2 · γ.
Nach dem Winkelsummensatz gilt: 180° = α + β + γ.
Weil α und β jeweils doppelt so groß wie γ sind, muss die Innenwinkelsumme (180°) genau 5-mal so groß wie γ sein. Also muss γ gleich 36° sein: 180° : 5 = 36°.
Der Winkel an der Spitze ist 36° groß.

7. a) $\alpha = 42{,}5°$; $\beta = 42{,}5°$
b) $\alpha = 60°$; $\beta = 180° - 104° = 76°$
c) $\alpha = (180° - 30°) : 2 = 75°$; $\beta = 180° - (90° + 30°) = 60°$

Seite 41

8. a) Ja, z. B. $\alpha = 50°$, $\beta = 60°$, $\gamma = 70°$
b) Nein, wegen Winkelsummensatz (zwei stumpfe Winkel sind zusammen größer als 180°)
c) Nein, wegen Winkelsummensatz (dreimal mindestens 63° ist mehr als 180°)
d) Ja, $\alpha = 36°$, $\beta = 72°$, $\gamma = 72°$
e) Ja, $\alpha = 150°$, $\beta = 15°$, $\gamma = 15°$

Winkelsumme in Vierecken und Vielecken

9. a) $\alpha = 105°$ **b)** $\alpha = 54°$ **c)** $\alpha = 196°$

Seite 42

10. a) Nein, wegen Winkelsummensatz (vier spitze Winkel ergeben zusammen weniger als 360°)
b), c) Ja, z. B. $\alpha = \beta = \gamma = 100°$, $\delta = 60°$
d) Ja, alle Winkel betragen dann 90° und es ist ein Rechteck.

11. a) (1) 900° (2) 1440° (3) 3240°
b) (1) Acht
(2) Siebzehn
(3) 27

Parallelogramm, Trapez und Drachenviereck

Seite 43

12. a) Parallelogramm

α	β	γ	δ
47°	133°	47°	133°
28°	152°	28°	152°
111°	69°	111°	69°
97°	83°	97°	83°

b) Trapez

α	β	γ	δ
102°	61°	119°	78°
39°	57°	123°	141°
125°	27°	153°	55°
154°	76°	104°	26°

13. a) β = 45° Stufenwinkel
γ = (180° − 45°) = 135° Nebenwinkel
δ = 45°, da sein Scheitelwinkel ein Stufenwinkel zum gegebenen Winkel (45°) ist.
α = 360° − (45° + 45° + 135°) = 135°, wegen der Innenwinkelsumme in einem Viereck.

b) β = γ gleichschenkliges Dreieck
γ = 55°, da sein Scheitelwinkel ein Stufenwinkel des gegebenen Winkels (55°) ist.
δ = 125° Nebenwinkel
α = 360° − (55° + 55° + 125°) = 125° wegen der Innenwinkelsumme in einem Viereck.

c) α = γ, denn beide Winkel sind die Summe der Basiswinkel von den zwei gleichschenkligen Dreiecken.
Wegen des Innenwinkelsummensatzes und β = α + 19° gilt:
α + 19° + 2 · α + 56° = 360°
3 · α + 75° = 360°
α = 95°
γ = 95°
β = α + 19° = 114°

Seite 44

14. Viereckeigenschaften

Q	Re	Ra	P	T	D
x		x			
x	x	x	x		
x	x	x	x		x
x	x				
x	x	x	x		x
				x	

15. a) richtig, da ein Quadrat vier rechte Winkel hat
b) falsch, da im Parallelogramm die Seiten nicht gleich lang sein müssen
c) falsch, da z. B. ein Trapez nicht punktsymmetrisch ist (wenn es kein Rechteck ist).
d) falsch, da z. B. ein Trapez mit ungleich langen Schenkeln nicht achsensymmetrisch ist.

Klassenarbeit 3.1

Seite 45/46

1.

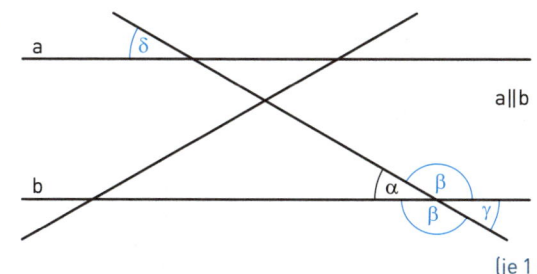

(je 1 Punkt)

Für β gibt es zwei Möglichkeiten.

2. a) Rechteck, Quadrat und Raute   *(je 1 Punkt)*
b) Kreis, gleichseitiges Dreieck, Rechteck   *(je 1 Punkt)*
c)

	punkt-symmetrisch	achsen-symmetrisch
Jedes Parallelogramm ist	x	
Jedes Drachenviereck ist		x

(je 1 Punkt)

d) In einem Trapez sind zwei gegenüberliegende Seiten parallel.   *(1 Punkt)*
Sind in einem Trapez zwei Winkel an einer gemeinsamen Grundseite gleich groß, so ist es achsensymmetrisch zur Mittelsenkrechten dieser Grundseite.   *(1 Punkt)*

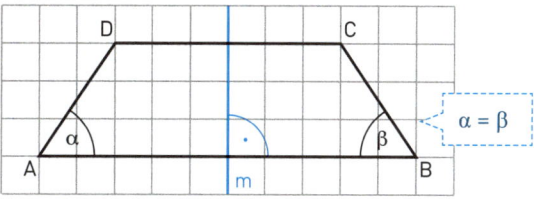

(1 Punkt)

3. a) α = 360° − (90° + 90° + 45°) = 135°
β = 180° − (90° + 45°) = 45°
(je 1 Punkt für Wert, je 1 Punkt für Begründung)

b) δ = 50° (Scheitelwinkel zu 50°)
α = 180° − (90° + 50°) = 40°   *(je 1 Punkt für Wert,*
β = 180° − 50° = 130°   *je 1 Punkt für Begründung)*

c) β = 2 · α. Es ist 180° = α + β + 90° = 3 · α + 90°.
Dies bedeutet, dass α = 30°. Somit ist β = 60°. δ ist der Stufenwinkel zum Nebenwinkel von β und damit 120° groß.   *(je 1 Punkt für Wert, 1 Punkt für Begründung)*

4. a) (1) Der Winkel γ ist γ = 180° − 27° − 54° = 99° groß, daher ist das Dreieck stumpfwinklig.
(2) Der Winkel α ist α = 180° − 70° − 55° = 55° groß, daher ist das Dreieck spitzwinklig.
(3) Der Winkel β ist β = 180° − 47° − 43° = 90° groß, daher ist das Dreieck rechtwinklig.
(jeweils 0,5 Punkte für die Begründung, und 0,5 Punkte für die Dreiecksart)

b) Da die Winkelsumme im Dreieck 180° beträgt, gilt für β und γ: β + y = 180° − 48° = 132°
Da b ein stumpfer Winkel ist, ist b größer als 90°. für γ gilt γ = 132° − β, daher muss γ kleiner als 42° sein.
(2 Punkte)

c) Da die Winkelsumme im Dreieck 180° beträgt, müssen α und γ zusammen 180° − 120° = 60° betragen.
In einem gleichschenkligen Dreieck sind die beiden Basiswinkel gleich groß. β kann kein Basiswinkel sein, da er alleine dann schon größer als 60 wäre. Daher müssen α und γ die Basiswinkel sein, gilt: $\alpha = \beta = \frac{60°}{2} = 30°$.
(2 Punkte)

Zum Nacharbeiten				
Aufgabe	1	2	3	4
Schulbuch, Seite	93–95	96, 117	110–112	103–104

Klassenarbeit 3.2

Seite 47/48

1. a) Ein Winkel und sein Nebenwinkel **ergeben zusammen 180°**.
b) Ein Winkel und sein Scheitelwinkel **sind gleich groß**.
c) Die Summe der Innenwinkel in einem Drachenviereck **ergibt 360°**.   *(jeweils 1 Punkt)*

2.

Aus-sage	wahr	falsch	Begründung
(1)	x		z. B.: In einem gleichseitigen Dreieck sind alle Winkel gleich 60°. Da jedes gleichsei-tige Dreieck auch ein gleichschenkliges Dreieck ist, erfüllt es die Bedingung.
(2)		x	Der dritte Winkel ist nach dem Winkel-summensatz 180° – 55° – 35° = 90° groß; da der dritte Winkel also nicht kleiner als 90° ist, ist das Dreieck nicht spitzwinklig.
(3)		x	z. B.: Gegenbeispiel: Ein Dreieck mit den Winkeln α = β = 30° und γ = 120° ist gleichschenklig, aber auch stumpf-winklig.
(4)		x	Da nach dem Winkelsummensatz die anderen beiden Winkel zusammen 90° groß sind, kann keiner der beiden größer als 90° sein.

(je 1 Punkt für wahr/falsch, 1 Punkt für Begründung)

3. a) Anhand des Winkelsummensatzes kann der fehlende Winkel δ berechnet werden.

$\delta = 360° - 80° - 64° - 120° = 96°$ (1 Punkt)

Somit kann man das Viereck zeichnen. (1 Punkt)

b) Anhand des Winkelsummensatzes ergibt sich für den fehlenden Winkel δ:

$\delta = 360° - 130° - 105° - 125° = 0°$ (1 Punkt)

Da die Summe der Winkel in einem Viereck stets 360° ist, müsste der vierte Winkel 0° groß sein. Somit kann man dieses Viereck nicht zeichnen. (1 Punkt)

4. a)

α = β	γ	δ	ε	η
65°	50°	130°	50°	65°

(je 0,5 Punkte)

- ε und δ ergänzen sich zu 180°, da sie Nebenwinkel sind.
- ε und γ sind gleich, weil sie Scheitelwinkel sind.
- (α + β) und δ sind gleich, da sie Scheitelwinkel sind; also α = β = 65°
- η = 180° – (65° + 50°) = 65°, aufgrund der Innenwinkel-summe im Dreieck. (je Begründung 0,5 Punkte)

b)

α	β	γ	δ	ε	η
30°	50°	100°	80°	100°	30°

(je 0,5 Punkte)

- ε und δ ergänzen sich zu 180°, da sie Nebenwinkel sind.
- ε und γ sind gleich, weil sie Scheitelwinkel sind.
- (α + β) und δ sind gleich, da sie Scheitelwinkel sind.
- η = 180° – (100° + 50°) = 30°, aufgrund der Innenwin-kelsumme im Dreieck. (je Begründung 0,5 Punkte)

5.

Grundwert G	100	300	500
Prozentwert W	**12**	**27**	100
Prozentsatz p	12 %	9 %	**20 %**

Grundwert G	600	**1000**	**1600**
Prozentwert W	750	480	80
Prozentsatz p	**125 %**	48 %	5 %

(je 0,5 Punkte)

6. $\alpha = 180° - 80° = 100°$ (Nebenwinkelsatz)

$\beta = 180 - \varphi = 80$ (Nebenwinkelsatz)

$\gamma = \beta - 35 = 45$ (Scheitelwinkelsatz)

$\delta = 180 - (35 + \varepsilon) = 96$ (Winkelsummensatz im Dreieck)

$\varepsilon = \alpha - 51 = 49$ (Scheitelwinkelsatz)

$\varphi = \alpha = 100$ (Wechselwinkel) (je 1 Punkt)

Zum Nacharbeiten					
Aufgabe	1	2	3	4	5
Schulbuch, Seite	93–95, 117	109, 107–109	105, 106	110–112	59, 62, 65

4. Rationale Zahlen

Zum Aufwärmen: Verstehen und Üben

Einführung der rationalen Zahlen

Seite 49

1.

		$\mathbb{N}$	$\mathbb{Q}_+$	$\mathbb{Z}$	$\mathbb{Q}$
a)	6	x	x	x	x
b)	–4			x	x
c)	$-\frac{2}{5}$				x
d)	8,75		x		x
e)	–0,8				x
f)	+7	x	x	x	x
g)	$6\frac{1}{4}$		x		x

2. a) A: –4,7; B: –2,5; C: –0,2; D: +3,5

b) A: $-\frac{3}{4}$; B: $-\frac{1}{3}$; C: $-\frac{1}{6}$; D: $+\frac{7}{12}$

Seite 50

3. a)

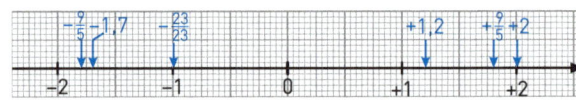

b)

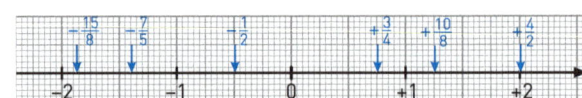

Anordnung und Betrag

4. a) $\frac{3}{7} < \frac{3}{6}$ **c)** $-\frac{4}{8} > -\frac{5}{8}$

$0 > -1$ $-\frac{3}{7} > -\frac{3}{6}$

b) $-5,1 < 4,9$ **d)** $-200 > -2\,000$

$-3 > -5$ $70 > -80$

5. a) $-22 < -6 < -5 < -3 < -1 < 2 < 4 < 6 < 7 < 17$

b) $-14,7 < -14,1 < -2 < 5,2 < 8,4 < 9 < 29,4$

c) $-4\frac{3}{7} < -4\frac{3}{8} < -2\frac{2}{3} < -1 < 4\frac{2}{7} < 4\frac{3}{4} < 5\frac{1}{4}$

Seite 51

6. a) $-\frac{3}{4}$; $+\frac{3}{8}$; $-2,5$; $+\frac{4}{5}$; $+4,01$; $-\frac{10}{8}$

b) $|-6| = 6$; $|+3| = 3$; $|8| = 8$; $|0| = 0$; $\left|-\frac{3}{7}\right| = \frac{3}{7}$; $\left|-4\frac{3}{8}\right| = 4\frac{3}{8}$; $|-59,6| = 59,6$; $|26,3| = 26,3$

7. a) $-5 < -\frac{17}{4} < -\frac{2}{3} < -0,6 < \frac{4}{3} < 1,4$

b) $-1,4 < -\frac{4}{3} < 0,6 < \frac{2}{3} < \frac{17}{4} < 5$

Die Anordnung der Gegenzahlen erfolgt in umgekehrter Reihenfolge.

c) $0,6 < \frac{2}{3} < \frac{4}{3} < 1,4 < \frac{17}{4} < 5$

Koordinatensystem

Seite 52

8. a)

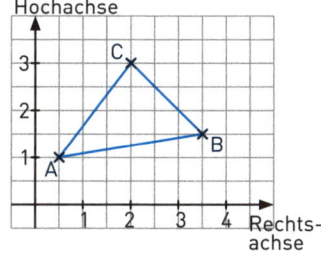

b) Wenn man die erste Koordinate durch ihre Gegenzahlen ersetzt, erhält man ein zur y-Achse symmetrisches Dreieck.
Wenn man die zweite Koordinate durch ihre Gegenzahl ersetzt, erhält man ein zur x-Achse symmetrisches Dreieck.
Wenn man beide Koordinaten durch ihre Gegenzahl ersetzt, erhält man ein zum Ursprung symmetrisches Dreieck.

Beschreiben von Zustandsänderungen

Seite 53

9. a) $-20,5\,\text{cm}$ **c)** $-250\,€$

b) $+3$ Etagen   **d)** $+3$ Personen

Addieren rationaler Zahlen

Seite 54

10. a) $+40$ **b)** -25 **c)** $+11$
$+6$ -19 $+9$
-6 -9 0
-40 -88 -55

11. a) $-4,8$ **b)** $+\frac{7}{6}$ **c)** -1200
$-8,3$ $-\frac{1}{4}$ -874
$+0,5$ -1 -1222

12. a)

```
        0
    -2      2
  3    -5     7
```

b)

```
        -25/24
   -23/24    -1/12
  -1/8   -5/6   3/4
```

c)

```
          9,7
      4,4     5,3
   -3,5   7,9   -2,6
```

d)

```
          -5,75
      -1,4     -4,35
   -4/5   -0,6   -3 3/4
```

Subtrahieren rationaler Zahlen

Seite 55

13. a) $(-3) - (-5) = (-3) + (+5) = 2$
$(+7,5) - \left(+3\frac{1}{4}\right) = (+7,5) + \left(-3\frac{1}{4}\right) = 4\frac{1}{4}$
$(+3,1) - (-9,6) = (+3,1) + (9,6) = 12,7$

b) $\left(+5\frac{2}{3}\right) - \left(+\frac{4}{3}\right) = \left(+5\frac{2}{3}\right) + \left(-\frac{4}{3}\right) = 4\frac{1}{3}$
$\left(+3\frac{1}{2}\right) - \left(-2\frac{3}{8}\right) = \left(+3\frac{1}{2}\right) + \left(+2\frac{3}{8}\right) = 5\frac{7}{8}$
$(+2,69) - (-0,31) = (+2,69) + (+0,31) = 3$

c) $(+6,75) - \left(+13\frac{1}{4}\right) = (+6,75) + \left(-13\frac{1}{4}\right) = -6,5$
$(+1025) - (-75) = (+1025) + (+75) = 1100$
$(-100) - (-0,1) = (-100) + (+0,1) = -99,9$

14. a)

```
        +20
    +8      -12
  3    -5      7
```

c)

```
          -21,9
     -11,4    +10,5
  -3,5    7,9    -2,6
```

b)

```
        +2 7/24
   +17/24    -19/12
  -1/8   -5/6    3/4
```

d)

```
         -3,35
     -0,2     +3,15
  -4/5    -0,6    -3 3/4
```

Seite 56

15. a) $(-25) + (+150) = -25 + 150 = 125$
$(+12,8) + (-4,9) = 12,8 - 4,9 = 7,9$

b) $(-6,5) - (-3,5) = -6,5 + 3,5 = -3$
$(-223) + (-3) = -223 - 3 = -226$

c) $\left(+5\frac{1}{4}\right) - \left(+\frac{3}{4}\right) = 5\frac{1}{4} - \frac{3}{4} = 4\frac{1}{2}$
$\left(-\frac{2}{3}\right) - (-1) = -\frac{2}{3} + 1 = \frac{1}{3}$

Multiplizieren rationaler Zahlen

Seite 57

16. a) -18 **b)** $4,2$ **c)** -9
-35 $0,035$ 14
88 $-0,96$ -45

Seite 61

17. a)

```
        +525
    -15     -35
  3    -5     7
```

c)

```
         -15
     -5      3
  -25   1/5   15
```

b)

```
         +6
     -2     -3
  -1/3   6   -0,5
```

d)

```
         +2/3
      +1     +2/3
  -1 1/2   -2/3   -1
```

18. a) 1 **b)** $-\frac{1}{8}$
-1 125
$\frac{1}{9}$ 1

Dividieren rationaler Zahlen

Seite 58

19. a) -6 **b)** -300 **c)** $-2,8$
-6 50 -4
5 $-\frac{1}{8}$ 3

20. a) $\dfrac{\frac{3}{8}}{-\frac{9}{32}} = \frac{3}{8} : \left(-\frac{9}{32}\right) = \frac{3}{8} \cdot \left(-\frac{32}{9}\right) = -\frac{4}{3}$

b) $\dfrac{-2\frac{2}{5}}{-\frac{3}{15}} = \left(-\frac{12}{5}\right) : \left(-\frac{3}{15}\right) = \left(-\frac{12}{5}\right) \cdot \left(-\frac{15}{3}\right) = 12$

Rechengesetze für die Addition und Multiplikation rationaler Zahlen

Seite 59

21. a) $2\frac{1}{3} + \left(-5\frac{2}{5}\right) + 7\frac{2}{3} = 2\frac{1}{3} + 7\frac{2}{3} + \left(-5\frac{2}{5}\right) = 10 + \left(-5\frac{2}{5}\right) = 4\frac{3}{5}$

$3,44 + 2,55 + (-5,44)$
$= 3,44 + (-5,44) + 2,55 = -2 + 2,55 = 0,55$

b) $(-4) \cdot (-36) \cdot (-25) = (-4) \cdot (-25) \cdot (-36) = 100 \cdot (-36) = -3\,600$

$\frac{1}{5} \cdot \left(-\frac{1}{3}\right) \cdot \left(-\frac{3}{2}\right) = \frac{1}{5} \cdot \left(\left(-\frac{1}{3}\right) \cdot \left(-\frac{3}{2}\right)\right) = \frac{1}{5} \cdot \frac{1}{2} = \frac{1}{10}$

c) $6\frac{1}{2} + \left(-2\frac{4}{7}\right) + \left(-3\frac{3}{7}\right) = 6\frac{1}{2} + \left(\left(-2\frac{4}{7}\right) + \left(-3\frac{3}{7}\right)\right) = 6\frac{1}{2} + (-6) = \frac{1}{2}$

$\left(-\frac{3}{4}\right) \cdot \left(-\frac{5}{7}\right) \cdot 4 = \left(-\frac{3}{4}\right) \cdot 4 \cdot \left(-\frac{5}{7}\right) = -3 \cdot \left(-\frac{5}{7}\right) = \frac{15}{7}$

22. a) $(-23) - (-11) + (-7) = (-23) + (-7) = (-11) = -19$

b) $-\frac{1}{4} - \frac{3}{8} + \frac{3}{4} = -\frac{1}{4} + \frac{3}{4} - \frac{3}{8} = \frac{1}{8}$

c) $2,6 - 8,8 + 7,4 - 1,2 = 2,6 + 7,4 - 8,8 - 1,2 = 0$

Seite 60

23. a) $7 \cdot \left(5 + \frac{2}{7}\right) = 7 \cdot 5 + 7 \cdot \frac{2}{7} = 35 + 2 = 37$

b) $\left(12 - \frac{2}{3}\right) \cdot 6 = 12 \cdot 6 - \frac{2}{3} \cdot 6 = 72 - 4 = 68$

c) $(-8) \cdot \left(2 + \frac{1}{4}\right) = (-8) \cdot 2 + (-8) \cdot \frac{1}{4} = -16 + (-2) = -18$

d) $\left(\frac{1}{3} - \frac{1}{4}\right) \cdot (-12) = \frac{1}{3} \cdot (-12) - \frac{1}{4} \cdot (-12) = -4 + 3 = -1$

24. a) $2 \cdot (-7) + 2 \cdot 8 = 2 \cdot ((-7) + 8) = 2 \cdot 1 = 2$

b) $(-12) \cdot 4 + (-12) \cdot (-2) = (-12) \cdot (4 + (-2)) = (-12) \cdot 2 = -24$

c) $21 \cdot 7 - 21 \cdot 5 = 21 \cdot (7 - 5) = 21 \cdot 2 = 42$

d) $\left(-\frac{1}{2}\right) \cdot \frac{2}{3} + \frac{2}{3} \cdot \frac{1}{2} = \frac{2}{3} \cdot \left(\left(-\frac{1}{2}\right) + \frac{1}{2}\right) = \frac{2}{3} \cdot 0 = 0$

Seite 61

25. a) $-(19 + 3^4) \cdot (-10)^3 = -(19 + 81) \cdot (-1000)$
$= -(100) \cdot (-1000) = 100\,000$

b) $(4 - 14 + 2 \cdot 0,5^2) - 9 \cdot 0,5 = (4 - 14 + 2 \cdot 0,25) - 4,5$
$= (4 - 14 + 0,5) - 4,5 = (-9,5) - 4,5 = -14$

c) $(3 - 4 : (-2)^3) : \left(-\frac{3}{4} \cdot 5\right) = (3 - 4 : (-8)) : \left(-\frac{15}{4}\right)$
$= \left(3 + \frac{1}{2}\right) \cdot \left(-\frac{4}{15}\right) = \frac{7}{2} \cdot \left(-\frac{4}{15}\right) = -\frac{14}{15}$

d) $\left(27 : \left(-\frac{9}{4}\right)\right) : 8 + \frac{5}{3} \cdot ((-9) : (5:2)) = \left[27 \cdot \left(-\frac{4}{9}\right)\right] : 8 + \frac{5}{3} \cdot \left((-9) \cdot \frac{2}{5}\right)$
$(-12) : 8 + \frac{5}{3} \cdot \left((-9) \cdot \frac{2}{5}\right) = -\frac{3}{2} + \frac{5}{3} \cdot \left(-\frac{18}{5}\right) = -\frac{3}{2} + (-6) = -7\frac{1}{2}$

Klassenarbeit 4.1

Seite 62/63

1. a) $-\frac{2}{3} < -\frac{2}{5} < -\frac{2}{7} < -\frac{2}{9}$

b) $-\frac{1}{4} < -\frac{1}{8} < \frac{1}{10} < \frac{1}{6}$ (je 2 Punkte)

2. a) z. B. $-11,5; -12; -12,5; -12,7$ (2 Punkte)

b) 0 und 1   (1 Punkt)

c) -8 und $+2$ (1 Punkt)

3. $-\frac{6}{50} = -\frac{3}{25}; -\frac{3}{50}; \frac{2}{50} = \frac{1}{25}; \frac{11}{50}$ (je 1 Punkt)

4. a) $-51; +8; -50; -37$ **c)** $\frac{2}{3}; -\frac{5}{14}; +1; +\frac{2}{15}$

b) $-0,8; +0,18; -9; -27$ (je 1 Punkt)

5. a) $-1500\,€ - (-837,97\,€) = -662,03\,€$
Antwort: Herr Tysiak kann noch 662,03 € abheben.
     (2 Punkte)

b) $985,46\,€ - (-837,97\,€) = 1\,823,43\,€$
Antwort: Sein Monatsgehalt beträgt 1 823,43 €. (2 Punkte)

c) $985,46\,€ - (539\,€ + 275\,€ + 189,90\,€)$
$= 985,46\,€ - (1\,003,90\,€) = -18,44\,€$
Antwort: Der Kontostand beträgt −18,44 €.   (2 Punkte)

6. a)

Anzahl der Bagger	1	6	8	4	16
benötigte Zeit (in Tagen)	96	16	12	24	6

Die Tabelle gehört zu einer antiproportionalen Zuordnung.
(0,5 Punkte für die Einordung und 0,5 Punkte je Wert)

b)

Zeit (in h)	0,5	1	3	6	8
zurückgelegte Strecke (in km)	45	90	270	540	720

Die Tabelle gehört zu einer proportionalen Zuordnung.
(0,5 Punkte für die Einordung und 0,5 Punkte je Wert)

Zum Nacharbeiten					
Aufgabe	1	2	3	4	5	6
Schulbuch, Seite	128, 129	128, 129	128, 129	139, 148, 153–155, 161	148, 149	44, 45 48, 49

Klassenarbeit 4.2

Seite 64/65

1. a) $4\frac{1}{2} \cdot \left(-\frac{4}{9}\right) \cdot \left(-\frac{2}{6}\right) = \frac{9}{2} \cdot \left(-\frac{4}{9}\right) \cdot \left(-\frac{2}{6}\right) = \frac{2}{3}$

b) $\dfrac{-2\frac{3}{5}}{\frac{39}{15}} = -2\frac{3}{5} : \frac{39}{15} = -\frac{13}{5} \cdot \frac{15}{39} = -1$ (je 2 Punkte)

2. a) $+2 < +2,5 < +3$ **d)** $-4 < -3\frac{1}{3} < -3$

b) $0 < 0,5 < 1$ **e)** $-1 < -0,5 < 0$

c) $-100 < -99,4 < -99$ **f)** $-2 < -\frac{7}{6} < -1$ (je 1 Punkt)

3. a) $(-7,3) + (-3,9) = -7,3 - 3,9 = -11,2$

b) $\left(-3\frac{3}{5}\right) + 5\frac{2}{5} = -3\frac{3}{5} + 5\frac{2}{5} = \frac{9}{5} = 1\frac{4}{5}$

c) $\left(-\frac{4}{7}\right) - \left(-\frac{7}{4}\right) = -\frac{4}{7} + \frac{7}{4} = \frac{33}{28} = 1\frac{5}{28}$

d) $(-13,4) - (+15,8) = -13,4 - 15,8 = -29,2$
     (je 1 Punkt für das Auflösen der Klammern
und 1 Punkt für das Ergebnis)

4. a) $|-8| \cdot |+3| - |+6| \cdot |-4| = 8 \cdot 3 - 6 \cdot 4 = 24 - 24 = 0$

b) $346 + |13 - 15| = 346 + |-2| = 346 - 2 = 344$

c) $-7 \cdot (-3 - 7) + (-12 - 13) \cdot (-4)$
$= -7 \cdot (-10) + (-25) \cdot (-4) = 70 + 100 = 170$

d) $(-4)^3 \cdot (3 + 81 : 3) = -64 \cdot (3 + 27) = -64 \cdot 30 = -1\,920$
     (je 2 Punkte)

5. a) $(-7 - 7) - (-7) = -14 + 7 = -7$

b) $\frac{-64}{16} \cdot (-64 + 16) = -4 \cdot (-48) = 192$

c) $3 \cdot (-34 + 78) + (-2) = 3 \cdot 44 - 2 = 132 - 2 = 130$
     (je 1 Punkt für den Term und
1 Punkt für das Ergebnis)

6. a) $3 \cdot (+7,4) + 4 \cdot (+3,1) + 5\frac{1}{2} \cdot (-4,6) = +9,3$
Antwort: Insgesamt ist der Pegel um 9,3 cm gestiegen.

b) $-15,7 + (+9,3) = -6,4$
Antwort: Nach dem beobachteten Zeitraum befindet sich der Pegelstand immer noch 6,4 cm unterhalb des normalen Pegelstandes.   (je 2 Punkte)

7. a) α ist Nebenwinkel zu 135°, also ist
α = 180° − 135° = 45°.   (0,5 Punkte)
α ist Scheitelwinkel zu β, also ist β = 45°.   (0,5 Punkte)

$\alpha + \beta = 45° + 45° = 90°$ (0,5 Punkte)

b) α ist Nebenwinkel zu 146°, also ist
$\alpha = 180° - 146° = 34°.$ (0,5 Punkte)
β ist Stufenwinkel zu 146°, also ist $\beta = 146°.$ (0,5 Punkte)
$\alpha + \beta = 34° + 145° = 180°$ (0,5 Punkte)

Zum Nacharbeiten							
Aufgabe	1	2	3	4	5	6	7
Schulbuch, Seite	153 f., 160 f.	129	151, 152	166, 167	166 f	166, 167	93, 95

Klassenarbeit 4.3

Seite 66/67

1. a) $-5 < -\frac{7}{2} < -3\frac{2}{5} < -2\frac{1}{2} < -1,3 < -0,6 < 3 < 3,5$ (4 Punkte)

b) $0,6 < 1,3 < 2\frac{1}{2} < 3 < 3\frac{2}{5} < \frac{7}{2} = 3,5 < 5$ (4 Punkte)

2.

(4 Punkte)

3. a) $-110 < -87$ **c)** $-0,009 > -0,90$

b) $35 < |-36|$ **d)** $-3,1 < -3,01$ (je 1 Punkt)

4. a) -42 **d)** -14

b) jede ungerade Zahl   **e)** 11

c) -8 **f)** -12 (je 1 Punkt)

5. Die Aussagen (3), (5), (6) und (8) sind richtig.
Gegenbeispiele:
Zu (1): $|-7| > |6|$;   Zu (2): $(-5) + (-11) = -16$
Zu (4): $(-5) + 5 = 0$;   Zu (7): $(-5) \cdot 5 = -25$

(je richtiges Kreuz bzw. Gegenbeispiel 0,5 Punkte)

6. a) $(-27) + (+16) + (+27) + (-16) + (-27)$
$= [(-27) + (+27)] + [(+16) + (-16)] + (-27) = -27$

b) $(-2,7) \cdot 1,45 + (-7,3) \cdot 1,45$
$= 1,45 \cdot [(-2,7) + (-7,3)] = 1,45 \cdot (-10) = -14,5$

c) $(+7) \cdot \left(-\frac{3}{5}\right) \cdot \left(-\frac{2}{7}\right) \cdot (-5) = \left|-5 \cdot \left(-\frac{3}{5}\right)\right| \cdot \left|+7 \cdot \left(-\frac{2}{7}\right)\right| = 3 \cdot (-2) = -6$

d) $(-13) + (-13) + (-13) + (-13) + (-13) = 5 \cdot (-13) = -65$

e) $(-8) \cdot \left|-\frac{1}{8} + \left(-\frac{1}{4}\right)\right| = (-8) \cdot \left(-\frac{1}{8}\right) + (-8) \cdot \left(-\frac{1}{4}\right) = 1 + 2 = 3$

f) $18\frac{6}{11} : (-6) = 18 : (-6) + \frac{6}{11} : (-6) = -3 + \left(-\frac{1}{11}\right) = -3\frac{1}{11}$

(je 2 Punkte)

7. a) $356,85\,°C - (-38,83\,°C) = 395,68\,°C$
Antwort: Die Temperaturspanne beträgt 395,68 °C.

(2 Punkte)

b) $-38,83\,°C - (-273,15\,°C) = 234,32\,°C$
$356,85\,°C - (-273,15\,°C) = 630\,°C$
Antwort: Der Schmelzpunkt liegt 234,32 °C; der Siedepunkt 630 °C über dem absoluten Nullpunkt.

(4 Punkte)

Zum Nacharbeiten							
Aufgabe	1	2	3	4	5	6	7
Schulbuch, Seite	128, 129	128, 129	129	155, 166 f	139, 144, 154, 168, 169	129, 155	148, 149

5. Zufall und Wahrscheinlichkeit

Zum Aufwärmen: Verstehen und Üben

Zufallsexperimente

Seite 68

1. a) und **b)** nein
Bei beiden handelt es sich um Naturgesetze.
c) und **d)** ja

2. a) Der Trainer könnte die Anzahl der Treffer z. B. beim Torwandschießen ermittelt und ins Verhältnis zur Anzahl der Schüsse gesetzt haben.

b) Bei einer Trefferwahrscheinlichkeit von 60 % erreicht Jonas bei 13 Versuchen durchschnittlich $13 \cdot 60\,\% = 13 \cdot 0,6 = 7,8$ Treffer. Bei 14 Versuchen wären es $14 \cdot 0,6 = 8,4$ Treffer. Allerdings kann es beim konkreten 11-Meter-Schießen sein, dass Jonas mehr oder weniger Versuche benötigt, um 8 Treffer zu erzielen.

c) Bei 20 Versuchen kann Jonas (im Mittel) $20 \cdot 0,6 = 12$ Treffer erwarten.

3. a) Würfeln, Münzwurf, Flaschendrehen

b) Torwandschießen

Seite 69

Ereignisse und ihre Wahrscheinlichkeiten

4. a) $S = \{0, 1, 2, 3, 4, 5, 6, 7, 8, 9, 10, 11\}$

b) $E_1 = \{0, 3, 6, 9\}$
$E_2 = \{2, 3, 5, 7, 11\}$
$E_3 = \{4, 5, 6, 7, 8, 9\}$

c) E_4 ist Komplementärereignis zu E_6.
$E_5 = \{\ \}$
E_7: sicheres Ereignis

d) $P(E_1) = \frac{1}{3}$, $P(E_2) = \frac{5}{12}$, $P(E_3) = \frac{1}{2}$
$P(E_4) = \frac{1}{2}$, $P(E_5) = 0$, $P(E_6) = \frac{1}{2}$, $P(E_7) = 1$

Seite 70

5. Die Aussage ist falsch, weil die Summe der Wahrscheinlichkeiten eines Ereignisses und seines Gegenereignisses 1 ergibt.

Laplace-Experimente

6. a) nein   **b)** ja   **c)** ja   **d)** nein
Bei **a)** müsste die Anzahl der Gewinn- und Nietenlose übereinstimmen, bei **d)** müsste die Anzahl der Karten mit der Nummer 1, 4 und 7 gleich sein.

7. $P(E_1) = \frac{1}{32}$; (32 Karten insgesamt; davon ist Karo 7 eine Karte)

$P(E_2) = \frac{4}{32} = \frac{1}{8}$; (32 Karten insgesamt; davon 4 Asse)

$P(E_3) = \frac{12}{32} = \frac{3}{8}$;
(32 Karten insgesamt; davon 3 Bilder mal 4 Farben = 12)

$P(E_4) = \frac{11}{32}$; (32 Karten insgesamt; davon 8 Herz + 3 weitere Asse)

Seite 71

8. $P(\text{Junge}) = \frac{8}{18} = \frac{4}{9} \approx 0{,}44$, $P(\text{Mädchen}) = \frac{10}{18} = \frac{5}{9} \approx 0{,}56$

9. $E_1 = \{3; 6; 9; 12; 15; 18\}$; $P(E_1) = \frac{6}{20} = \frac{3}{10}$
$E_2 = \{\ \}$; $P(E_2) = 0$
$E_3 = \{10; 11; 12; 13; 14; 15; 16; 17; 18; 19; 20\}$; $P(E_3) = \frac{11}{20}$
$E_4 = \{12\}$; $P(E_4) = \frac{1}{20}$
$E_5 = \{3; 4; 6; 8; 9; 12; 15; 16; 18; 20\}$; $P(E_5) = \frac{10}{20} = \frac{1}{2}$

10. a)

Öffentliche Verkehrsmittel	Auto	zu Fuß	Rad
$\frac{12}{24} = 0{,}5$	$\frac{6}{24} = 0{,}25$	$\frac{3}{24} = 0{,}125$	$\frac{3}{24} = 0{,}125$

b)

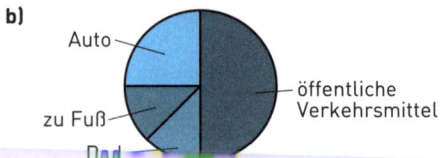

Auto — öffentliche Verkehrsmittel — zu Fuß — Rad

c) $0{,}125 + 0{,}125 = 0{,}25$

Klassenarbeit 5.1

Seite 72/73

1. Ein Ereignis ist die Zusammenfassung von Ergebnissen mit bestimmten Eigenschaften.   (2 Punkte)

2. a) $S = \{1, 2, 3, 4, 5, 6\}$ (1 Punkt)
  b) $E_1 = \{6\}$; $E_2 = \{2, 3, 4, 6\}$; $E_3 = \{\ \}$; $E_4 = \{1, 2, 3, 4, 5, 6\}$ (4 Punkte)
  c) E_4 (1 Punkt)
  d) E_3 (1 Punkt)
  e) $P(E_1) = \frac{1}{6}$; $P(E_2) = \frac{2}{3}$ (2 Punkte)

3. a) Ergebnis

1	2	3	4	5	6
0,15	0,3	0,15	0,15	0,1	0,15

                (je 0,5 Punkte)
  b) (1): $P(E) = 0{,}3 + 2 \cdot 0{,}15 = 0{,}6$
      (2): $P(E) = 0{,}3 + 0{,}15 + 0{,}1 = 0{,}55$
      (3): $P(E) = 2 \cdot 0{,}15 + 0{,}3 = 0{,}6$ (3 Punkte)
  c) (1): Würfeln einer ungeraden Zahl
      (2): Würfeln einer Zahl, die keine Primzahl ist
      (3): Würfeln einer Zahl, die größer als 3 ist   (3 Punkte)

4. a) Die 4 muss in 4 Feldern, die 3 in 2 Feldern und die 1 und 2 in je einem Feld stehen.   (2 Punkte)
  b) Die 1 ist im Mittel $50 \cdot 0{,}125 = 6{,}25$, also ca. 6-mal zu erwarten.   (1 Punkt)

5. a) 32   **b)** 63   **c)** 560   **d)** 30
  e) 20   **f)** 30   (je 1 Punkt)

6. a) $P(1) = \frac{8}{16} = \frac{1}{2}$ (1 Punkt)
  b) $P(2) = \frac{3}{16}$; $P(3) = \frac{2}{16} = \frac{1}{8}$; $P(5) = \frac{2}{16} = \frac{1}{8}$; $P(10) = \frac{1}{16}$ (4 Punkte)
  c) $P(2 \text{ oder } 10) = \frac{3}{16} + \frac{1}{16} = \frac{1}{4}$. Die Wahrscheinlichkeit, auf eine 1 zu kommen, ist doppelt so groß. Der Schüler hat recht.   (2 Punkte)

Zum Nacharbeiten					
Aufgabe	1	2	3	4	5	6
Schulbuch, Seite	177, 178	179	188	189, 190	165, 174	179

Klassenarbeit 5.2

Seite 74/75

1. Die relativen Häufigkeiten eines Ergebnisses schwanken mit zunehmender Versuchsanzahl immer weniger um einen festen Wert.   (2 Punkte)

2. a) nein   **c)** ja, $S = \{\text{Gewinn/kein Gewinn}\}$
  b) ja, $S = \{A, B, AB, 0\}$
                             d) nein   (je 1 Punkt)

3. a) Nein, weil die Anzahl der weißen, gelben und blauen Kugeln verschieden ist.   (2 Punkte)
  b) E_1: weiß; $P(E_1) = \frac{3}{10} = 0{,}3$
      E_2: gelb; $P(E_2) = \frac{4}{10} = 0{,}4$
      E_3: blau; $P(E_3) = \frac{3}{10} = 0{,}3$ (6 Punkte)

4. a) Es handelt sich um ein Laplace-Experiment. Die Wahrscheinlichkeit, bei den Hausaufgaben ausgewählt zu werden, beträgt $\frac{1}{30}$.   (2 Punkte)
  b) $P(\text{Junge}) = \frac{12}{30} = \frac{2}{5}$ (2 Punkte)
  c) $P(\text{Tim oder Celine}) = \frac{5}{30} = \frac{1}{6}$ (2 Punkte)

5. $P(1) = \frac{2}{6} = \frac{1}{3}$; $P(4) = \frac{4}{6} = \frac{2}{3}$ (je 1 Punkt)

6. a) $A = 24\,\text{cm}^2$, $u = 20\,\text{cm}$ (je 1 Punkt)
  b) Der Umfang des kleinen Rechtecks ist 10 cm und der Flächeninhalt 6 cm². Der Umfang des großen Rechtecks ist 40 cm und der Flächeninhalt 96 cm². Der Umfang ist also viermal so groß und der Flächeninhalt 16-mal so groß.   (4 Punkte)

Zum Nacharbeiten					
Aufgabe	1	2	3	4	5	6
Schulbuch, Seite	182	177, 179	188	177, 178	190	Kl. 5, 183

Klassenarbeit 5.3

Seite 76/77

1. Die möglichen Ergebnisse sind bekannt. Welches Ergebnis beim aktuellen Versuch auftritt, ist nicht vorhersagbar. Der Versuch ist unter gleichen Bedingungen beliebig oft wiederholbar.   (3 Punkte)

2. a)

Bus/Bahn	zu Fuß	Fahrrad	Auto
$\frac{8}{20} = 0{,}4$	$\frac{4}{20} = 0{,}2$	$\frac{5}{20} = 0{,}25$	$\frac{3}{20} = 0{,}15$

                        (4 Punkte)

  b)

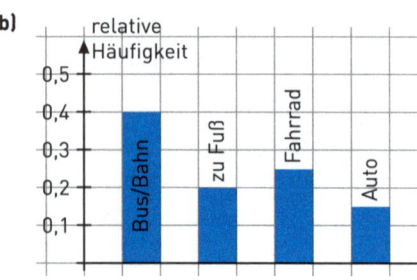

                        (4 Punkte)

3. a) $S = \{(4, 3, 6), (4, 3, 2), (0, 3, 6), (0, 3, 2)\}$ (1 Punkt)

b) Cedrik gewinnt nur dann gegen Pascal, wenn er eine 4 würfelt, ansonsten gewinnt Pascal.

P(Cedric gewinnt) = $\frac{4}{6}$; P(Pascal gewinnt) = $\frac{2}{6}$; Cedric hat eine höhere Gewinnwahrscheinlichkeit. (2 Punkte)

Marina gewinnt nur dann gegen Anna, wenn sie eine 6 würfelt, ansonsten gewinnt Anna.

P(Marina gewinnt) = $\frac{2}{6}$; P(Anna gewinnt) = $\frac{4}{6}$; Anna hat eine höhere Gewinnwahrscheinlichkeit. (2 Punkte)

4. a) $h_{rot} = \frac{10}{50} = 0{,}2$; $h_{blau} = \frac{15}{50} = 0{,}3$; $h_{weiß} = \frac{25}{50} = 0{,}5$ (3 Punkte)

b) P(rot) = 0,2; P(blau) = 0,3; P(weiß) = 0,5

Die Prognose ist relativ unsicher, weil die Versuchsanzahl gering ist. (2 Punkte)

c) Bei der Prognose müsste 21-mal die blaue Kugel gezogen werden. (1 Punkt)

5. a) Die Anzahl der Jungen und Mädchen stimmt nicht überein, deshalb sind die Wahrscheinlichkeiten verschieden, wenn beim zufälligen Auswählen das Geschlecht notiert wird. Ein Laplace-Experiment liegt aber nur bei gleichen Wahrscheinlichkeiten vor. (2 Punkte)

b) In einer Urne mit 100 Kugeln befinden sich 40 blaue und 60 rote Kugeln, eine beliebige Kugel wird gezogen. (2 Punkte)

6. a)

Fußball	Basketball	Volleyball	Rudern	kein Sport
$\frac{12}{30}$ = 40 %	$\frac{6}{30}$ = 20 %	$\frac{4}{30}$ = 13,3 %	$\frac{3}{30}$ = 10 %	$\frac{5}{30}$ = 16,7 %

(je Spalte 1 Punkt)

b)

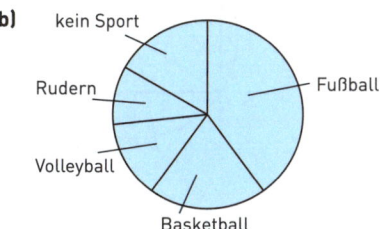

(2 Punkte für Diagramm und Bezeichnung)

Zum Nacharbeiten					
Aufgabe	1	2	3	4	5	6
Schulbuch, Seite	177	180, 181	190	188, 189	178, 179	65

6. Dreiecke und Vierecke

Zum Aufwärmen: Verstehen und Üben

Kongruente Figuren

Seite 78

1.

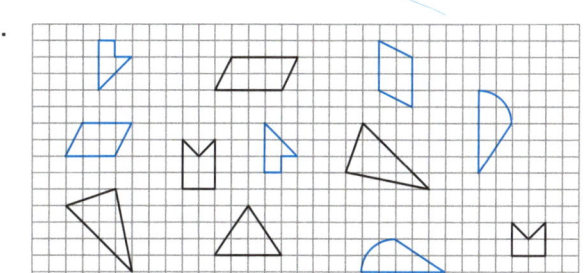

2. a)

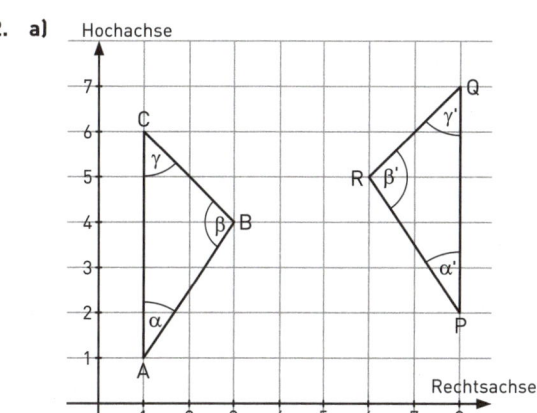

Seitengleichheit: $\overline{AC} = \overline{PQ}$; $\overline{BC} = \overline{QR}$; $\overline{AB} = \overline{PR}$
Winkelgleichheit: $\alpha = \alpha'$; $\beta = \beta'$, $\gamma = \gamma'$
Die Dreiecke sind kongruent zueinander.

b)

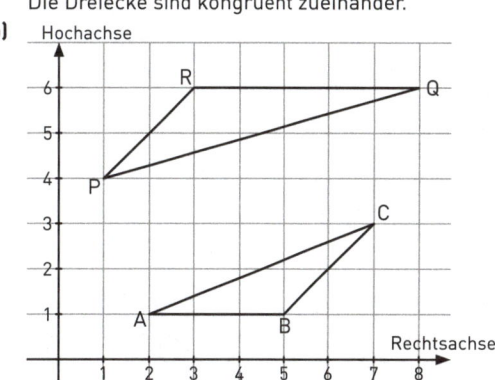

Die Dreiecke sind nicht kongruent zueinander.

Kongruenzsätze

Seite 80

3. a), b)

(1) Kongruenzsatz wsw

1. Zeichne die Strecke $\overline{AB}$ mit der Länge c = 3,5 cm.
2. Trage im Punkt A den Winkel $\alpha = 30°$ ein.
3. Trage im Punkt B den Winkel $\beta = 60°$ ein.
4. Die beiden freien Schenkel schneiden sich im Punkt C des Dreiecks.

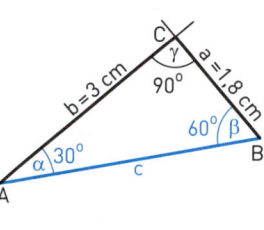

(2) Kongruenzsatz sss
1. Zeichne die Strecke $\overline{BC}$ mit der Länge a = 5 cm.
2. Zeichne einen Kreisbogen um B mit dem Radius c = 7 cm.
3. Zeichne einen Kreisbogen um C mit dem Radius b = 4 cm.
4. Die beiden Schnittpunkte der Kreisbögen ergeben die kongruenten Dreiecke ABC (und A'CB).

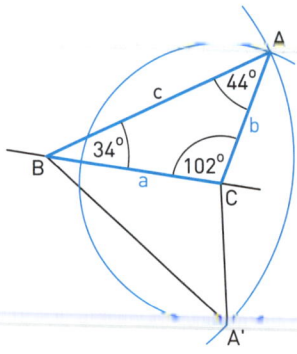

(3) Kongruenzsatz sws
1. Zeichne die Strecke $\overline{BC}$ mit der Länge a = 4 cm.
2. Trage im Punkt C den Winkel γ = 45° ein.
3. Zeichne einen Kreisbogen um C mit dem Radius b = 2,5 cm.
4. Der Kreisbogen schneidet den freien Schenkel von γ im Punkt A.

(4) Kongruenzsatz SsW
1. Zeichne die Strecke $\overline{AB}$ mit der Länge c = 4 cm.
2. Trage im Punkt A den Winkel α = 60° ein.
3. Zeichne einen Kreisbogen um B mit dem Radius a = 5 cm.
4. Der Kreisbogen schneidet den freien Schenkel von α im Punkt C.

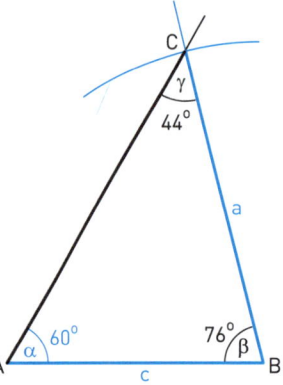

4.

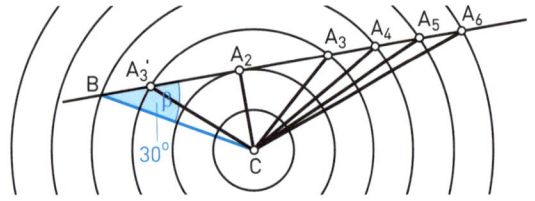

Radius	1 cm	2 cm	3 cm	4 cm	5 cm	6 cm
Anzahl der Dreiecke	0	1	2	1	1	1

Seite 81

5. a) Ja, es gilt der Kongruenzsatz wsw.
b) Nein, der Winkel α der liegt der kürzeren Seite gegenüber.
c) Ja, es gilt der Kongruenzsatz sws.
d) Nein, es gibt unendlich viele solcher Dreiecke.
e) Nein, der Winkelsummensatz für Dreiecke ist nicht erfüllt: α + γ > 180°.

f) Nein, die Dreiecksungleichung b > a + c ist nicht erfüllt.
g) Ja, es gilt der Kongruenzsatz sws.
h) Ja, es gilt der Kongruenzsatz sss.

Kreis und Geraden

Seite 82

6. Sekanten: a, c, e
Durchmesser: Sekantenabschnitt von a und c
Sehne: e
Passante: b
Tangente: d, f

Besondere Punkte und Linien eines Dreiecks

7. Beide Geraden sind Tangenten an den Kreis.

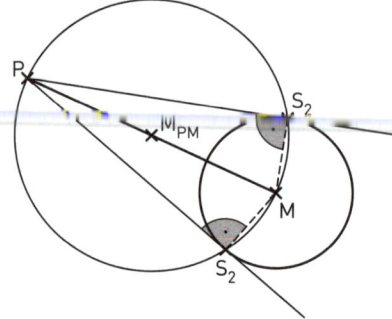

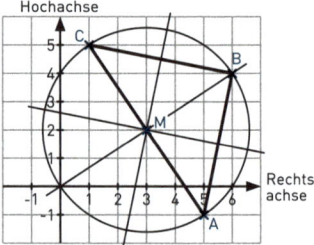

8. a) M (3 | 2)
b) Wenn die drei Punkte nicht auf einer Geraden liegen, bilden sie ein Dreieck. Für dieses findet man immer den Umkreismittelpunkt.

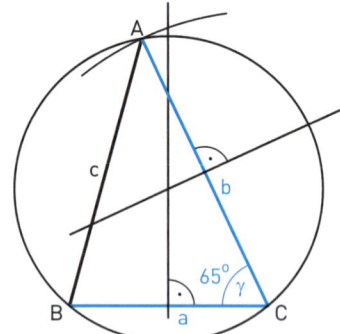

Seite 83

9. a)

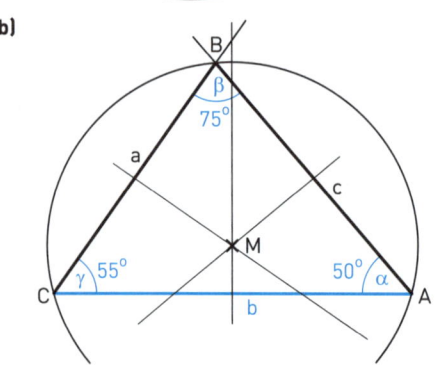

b)

10. a) Das Dreieck ist spitzwinklig.
b) Das Dreieck ist stumpfwinklig.
c) Das Dreieck ist rechtwinklig.

11. a)

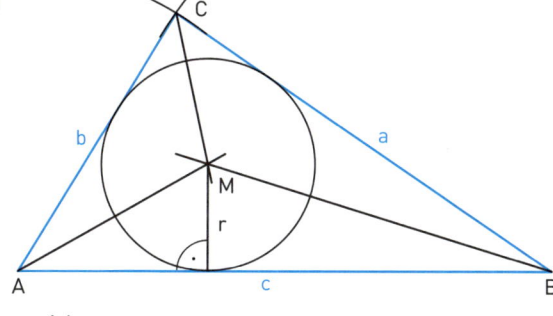

r ≈ 1,4 cm

b)

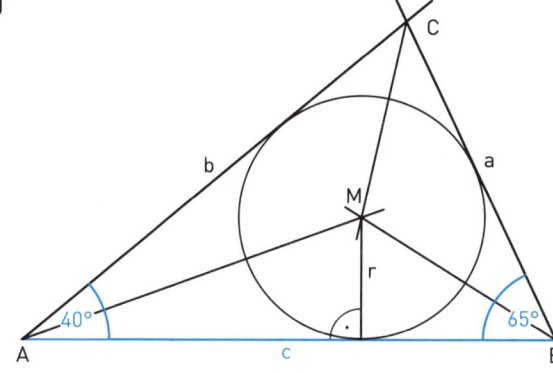

r ≈ 1,6 cm

c)

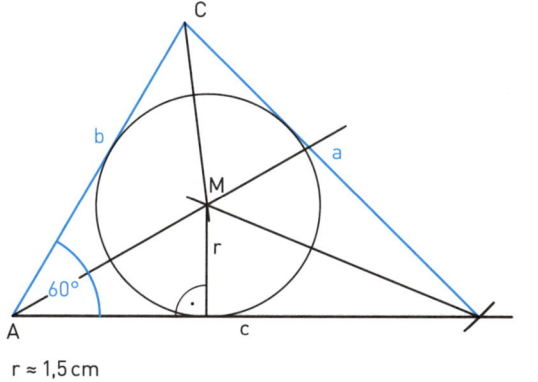

r ≈ 1,5 cm

12. Konstruiere die beiden Winkelhalbierenden an den Punkten B und C zwischen den verlängerten Dreieckseiten $\overline{AB}$ bzw. $\overline{AC}$ und der Seite $\overline{BC}$. Die Winkelhalbierenden schneiden sich in M.

Klassenarbeit 6.1

Seite 84/85

1. a) Zwei Figuren heißen kongruent, wenn sie in der Form und allen Maßen (Seitenlängen, Winkel) übereinstimmen. (2 Punkte)

b) $A_1 \cong A_2$; $B_1 \cong B_2$; $C_1 \cong C_2$ (je 1 Punkt)
$D_1 \cong D_2 \cong D_3 \cong D_4$; $E_1 \cong E_2 \cong E_3 \cong E_4$ (je 2 Punkte)

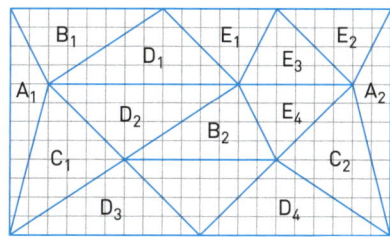

c) z. B. 3 cm · 4 cm = 12 cm² = 2 cm · 6 cm (3 Punkte)

2. a) Ja, es gilt der Kongruenzsatz sws.

b) Nein, es gibt unendlich viele solcher Dreiecke.

c) Ja, es gilt der Kongruenzsatz wsw.

d) Nein, der Winkel α liegt der kürzeren Seite a gegenüber.

e) Nein, die Dreiecksungleichung a + c < b ist nicht erfüllt.

f) Nein, der Winkelsummensatz für Dreiecke ist nicht erfüllt: α + γ > 180°.

(je 1 Punkt für Entscheidung und Begründung)

3. a) Kongruenzsatz wsw

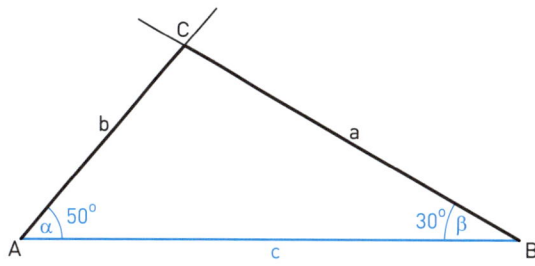

Konstruktionsbeschreibung:
1. Zeichne die Strecke $\overline{AB}$ mit der Länge c = 7 cm.
2. Trage im Punkt A den Winkel α = 50° ein.
3. Trage im Punkt B den Winkel β = 30° ein.
4. Die beiden freien Schenkel schneiden sich im Punkt C des Dreiecks.

b) Kongruenzsatz SsW

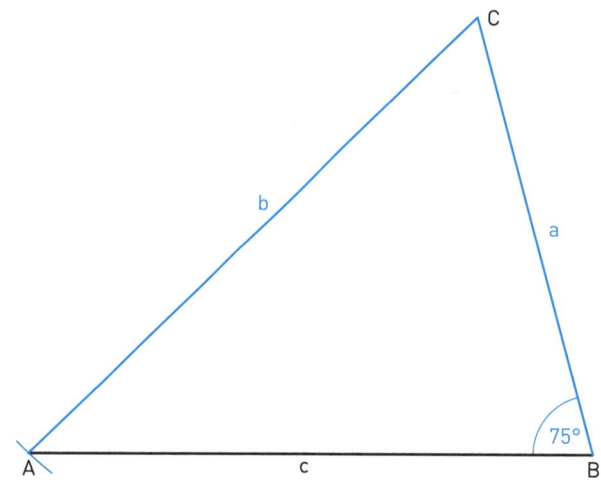

Konstruktionsbeschreibung:
1. Zeichne die Strecke $\overline{BC}$ mit der Länge a = 6 cm.
2. Trage im Punkt B den Winkel β = 75° ein.
3. Zeichne einen Kreisbogen um C mit dem Radius b = 8 cm.
4. Der Kreisbogen schneidet den freien Schenkel von β im Punkt A.

(je 4 Punkte für Konstruktion und Beschreibung)

4. a) 250-mal **b)** 200-mal **c)** 25-mal (je 1 Punkte)

Zum Nacharbeiten				
Aufgabe	1	2	3	4
Schulbuch, Seite	200, 201	204–211	204–206	177, 178

Klassenarbeit 6.2

Seite 86/87

1. a) (1) Die Punkte liegen auf einem Kreis um M.
(2) Die Punkte liegen auf der Mittelsenkrechten zu $\overline{PQ}$.
(3) Die Punkte liegen auf der Winkelhalbierenden w_γ.

(je 1 Punkt)

b) Inkreiskonstruktion

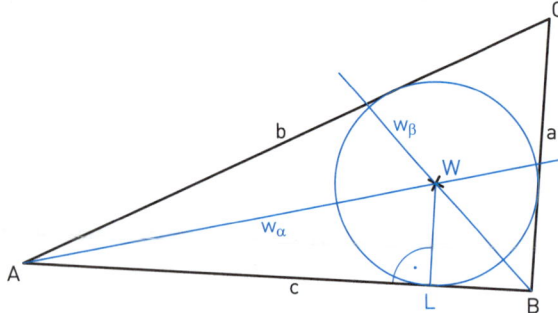

Konstruktionsbeschreibung:
1. Zeichne ein beliebiges Dreieck ABC.
2. Konstruiere zwei Winkelhalbierende.
3. Zeichne die Senkrechte von einer Dreiecksseite, die durch W verläuft. Sie liefert den Radius des Inkreises.
4. Zeichne den Inkreis.

(je 4 Punkte für Konstruktion und Beschreibung)

c) 1. Zeichne die Strecke $\overline{BC}$ mit der Länge a = 5 cm.
2. Zeichne je einen Kreis mit dem Radius r = 3,5 cm um B und um C. Der Schnittpunkt M ist der Mittelpunkt des Umkreises.
3. Zeichne den Umkreis mit Radius r = 3,5 cm um M.
4. Zeichne einen Kreis mit dem Radius b = 4 cm um C. Der Schnittpunkt mit dem Umkreis ist der Punkt A. Verbinde A, B und C zu einem Dreieck.

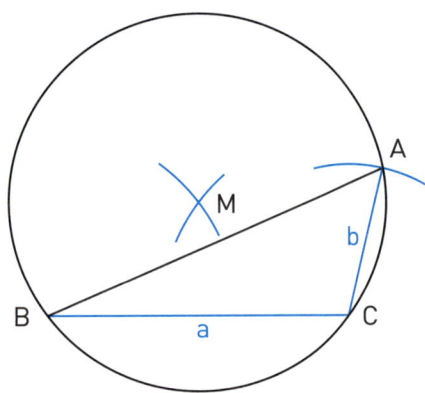

(4 Punkte für die Konstruktion)

2. Kreismittelpunktbestimmung
Konstruktionsbeschreibung:
1. Zeichne eine Senkrechte zu t durch den Berührpunkt T bis zum Schnittpunkt S auf der anderen Seite des Kreises. ST ist ein Kreisdurchmesser.
2. Konstruiere die gesuchte Mitte M der Strecke $\overline{ST}$, z. B. mithilfe der Mittelsenkrechten.   (4 Punkte)

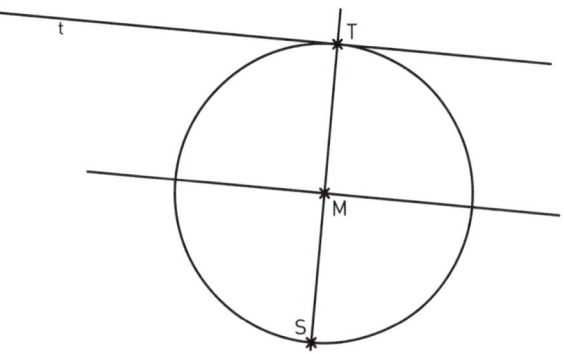

3.

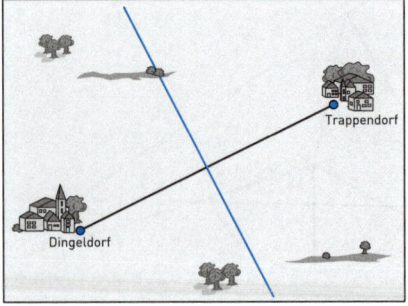

Wenn man beide Orte mit einer Strecke verbindet, kann die Mittelsenkrechte dieser Strecke gezeichnet werden. Alle Punkte auf dieser Mittelsenkrechten sind gleich weit von beiden Orten entfernt.

(2 Punkte für die Zeichnung der Mittelsenkrechten,
2 Punkte für die Begründung)

4. Anna: $\frac{177}{250} = \frac{708}{1000} = 0,708 = 70,8\,\%$;

Benni: $\frac{302}{500} = \frac{604}{1000} = 0,604 = 60,4\,\%$;

Claire: $\frac{492}{750} = 0,656 = 65,6\,\%$

(je einen Punkt für die korrekten Zahlen)

Zum Nacharbeiten				
Aufgabe	1	2	3	4
Schulbuch, Seite	225–234	223, 224	225-227	180–182

Klassenarbeit 6.3

Seite 88/89

1. a) Ja, es gilt der Kongruenzsatz wsw.
b) Nein, der Winkel α liegt der kürzeren Seite a gegenüber.
c) Ja, es gilt der Kongruenzsatz sws.
d) Nein, die Dreiecksungleichung a + c < b ist nicht erfüllt.
e) Ja, es gilt der Kongruenzsatz Ssw.
f) Nein, der Winkelsummensatz für Dreiecke ist nicht erfüllt: α + γ > 180°.

(je 1 Punkt für Entscheidung und Begründung)

2. a) Sie sind gleich weit von den anliegenden Schenkeln entfernt.   (1 Punkt)
b) Konstruiere zwei Mittelsenkrechten. Deren Schnittpunkt ist der Mittelpunkt des Umkreises, der Radius ist der Abstand zu einem Eckpunkt des Dreiecks.   (2 Punkte)
c) M (3,9 | 4,3)   (1 Punkt)

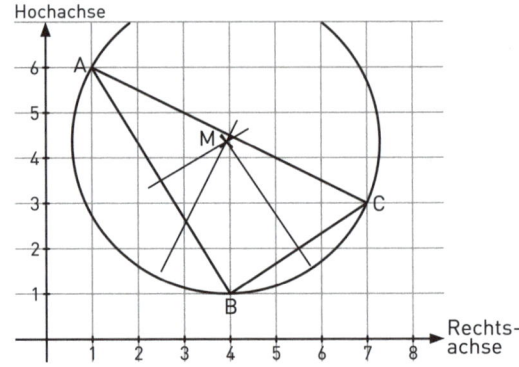

(je 1 Punkt für Dreieck, Mittelsenkrechte und Umkreis)

3.

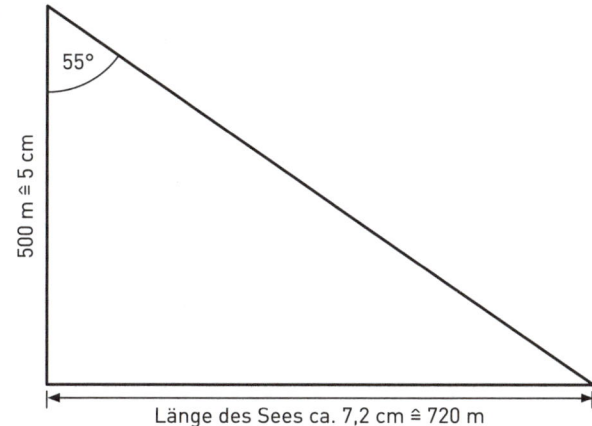

Länge des Sees ca. 7,2 cm ≙ 720 m

(3 Punkte)

Antwort: Die Länge des Sees beträgt etwa 720 Meter.

(1 Punkt)

4. ABCD ist kongruent zu EFGH, ABEF ist kongruent zu DCGH und AEHD ist kongruent zu BFGC. [je 1 Punkt]

5. **a)** 15 % < 15 **d)** 50 % = 0,500 **g)** 0,2 % < $\frac{2}{100}$

b) 1,5 % < 0,15 **e)** 12 % = $\frac{12}{100}$ **h)** 250 % = $\frac{5}{2}$

c) 123 % > 0,12 **f)** 78 % < $\frac{8}{10}$

(je 0,5 Punkte pro korrektem Zeichen)

Zum Nacharbeiten					
Aufgabe	1	2	3	4	5
Schulbuch, Seite	204–211	225–234	203–206	199–201	59, 62, 65

7. Gleichungen mit einer Variablen

Zum Aufwärmen: Verstehen und Üben

Variable und Gleichung

Seite 90

1. **a)** $2r = 10$, $L = \{5\}$ **c)** $g - 3 = 5$, $L = \{8\}$

b) $a + 3 = 12$, $L = \{9\}$

2. Die folgenden Aussagen sind lediglich mögliche Beispiele für Lösungen:

a) Rita ist dreimal so alt wie Astrid. Rita ist 9.

b) Wenn zu den vorhandenen Wagen acht dazu kommen, sind es 17.

c) Wenn man die Menge an roten Gummibärchen verdreifacht und vier wegnimmt, bleiben fünf.

Lösen einer Gleichung durch Probieren

Seite 91

3. (1) Aufstellen einer Gleichung für die gesuchte Zahl:
Platzhalter für die Zahl: x.
1. Gesuchte Zahl mit sich selbst multipliziert: x^2.
2. Gesuchte Zahl mit 3 multipliziert: $3 \cdot x$
und 10 addiert: $3 \cdot x + 10$.
Also erhält man als Gleichung: $x^2 = 3 \cdot x + 10$.
(2) Bestimmung der Lösung durch Probieren.

Einsetzungen für x	x^2	$3 \cdot x + 10$	$x^2 = 3 \cdot x + 10$	Gleichung ist eine	Kommentar
3	9	19	9 ≠ 19	f. A.	Ab 6 ist x^2 immer größer als $3 \cdot x + 10$, ebenso für x < −2.
4	16	22	16 ≠ 22	f. A.	
5	25	25	25 = 25	wahre A.	
6	36	28	36 ≠ 28	f. A.	
−1	1	7	1 ≠ 7	f. A.	
−2	4	4	4 = 4	wahre A.	
−3	9	1	9 ≠ 1	f. A.	
−4	16	−2	16 ≠ −2	f. A.	

$L = \{-2; 5\}$

Seite 92

4. **a)** (1) Aufstellen einer Gleichung für die gesuchte Zahl:
Platzhalter für die Zahl: x.
1. Gesuchte Zahl mit sich selbst multipliziert: x^2.
2. Gesuchte Zahl mit 2 multipliziert: $2 \cdot x$
und 3 addiert: $2 \cdot x + 3$.
Also erhält man als Gleichung: $x^2 = 2 \cdot x + 3$.

Einsetzungen für x	x^2	$2 \cdot x + 3$	$x^2 = 2 \cdot x + 3$	Gleichung ist eine	Kommentar
0	0	3	0 ≠ 3	f. A.	Ab 4 ist x^2 immer größer als $2 \cdot x + 3$, ebenso für x < −1.
1	1	5	1 ≠ 5	f. A.	
2	4	7	4 ≠ 7	f. A.	
3	9	9	9 = 9	w. A.	
4	16	11	16 ≠ 11	f. A.	
5	25	13	25 = 13	f. A.	
6	36	15	36 ≠ 15	f. A.	
−1	1	1	1 = 1	w. A.	
−2	4	−1	4 ≠ −1	f. A.	
−3	9	−3	9 ≠ −3	f. A.	
−4	16	−5	16 ≠ −5	f. A.	

$L = \{-1; 3\}$

b) (1) Aufstellen einer Gleichung für die gesuchte Zahl:
Platzhalter für die Zahl: x.
1. Gesuchte Zahl mit 5 multipliziert: $5 \cdot x$
und 4 subtrahiert: $5 \cdot x - 4$.
2. Gesuchte Zahl mit sich selbst multipliziert: x^2.
Also erhält man als Gleichung: $5 \cdot x - 4 = x^2$.

Einsetzungen für x	$5 \cdot x - 4$	x^2	$5 \cdot x - 4 = x^2$	Gleichung ist eine	Kommentar
0	−4	0	0 ≠ −4	f. A.	Ab 5 ist x^2 immer größer als $5 \cdot x - 4$, ebenso für x < 1.
1	1	1	1 = 1	wahre A.	
2	6	4	4 ≠ 6	f. A.	
3	11	9	9 ≠ 11	f. A.	
4	16	16	16 ≠ 16	wahre A.	
5	21	25	25 = 21	f. A.	
6	26	36	36 ≠ 26	f. A.	
−1	−9	1	1 ≠ −9	f. A.	
−2	−14	4	4 = −14	f. A.	

$L = \{1; 4\}$

Gleichungen des Typs $ax + b = c$

5. a)

	$3 \cdot x + 3 = 12$	Nimm auf jeder Seite drei Gewichte weg. (-3)
	$3 \cdot x = 9$	Lass $\frac{1}{3}$ auf beiden Seiten $(:3)$
	$x = 3$	Eine Kugel entspricht 3 Gewichten.
Probe:	$3 \cdot 3 + 3 = 12$	richtig
	$L = \{3\}$	

b)

	$2 \cdot x + 4 = 16$	Nimm auf beiden Seiten vier Gewichte weg. (-4)
	$2 \cdot x = 12$	Nimm auf beiden Seiten die Hälfte weg. $(:2)$
	$x = 6$	Eine Kugel entspricht 6 Gewichten.
Probe:	$2 \cdot 6 + 4 = 16$	richtig
	$L = \{6\}$	

Seite 93

6. a)

	$4 \cdot x + 1 = 9$	Nimm auf beiden Seiten 1 Gewicht weg. (-1)
	$4 \cdot x = 8$	Lass $\frac{1}{4}$ auf beiden Seiten zurück. $(:4)$
	$x = 2$	Eine Kugel entspricht 2 Gewichten.
Probe:	$4 \cdot 2 + 1 = 9$	richtig
	$L = \{2\}$	

b)

	$3 \cdot x + 2 = 8$	Nimm auf beiden Seiten 2 Gewichte weg. (-2)
	$3 \cdot x = 6$	Lass $\frac{1}{3}$ auf beiden Seiten zurück. $(:3)$
	$x = 2$	Eine Kugel entspricht 2 Gewichten.
Probe:	$3 \cdot 2 + 2 = 8$	richtig
	$L = \{2\}$	

7. a)

	$2 \cdot x + 5 = 13$	Nimm auf beiden Seiten 5 Gewichte weg. (-5)
	$2 \cdot x = 8$	Nimm auf beiden Seiten die Hälfte weg. $(:2)$
	$x = 4$	Eine Kugel entspricht 4 Gewichten.
Probe:	$2 \cdot 4 + 5 = 13$	richtig
	$L = \{4\}$	

b)

	$5 \cdot x + 7 = 17$	Nimm auf beiden Seiten 7 Gewichte weg. (-7)
	$5 \cdot x = 10$	Lass $\frac{1}{5}$ auf beiden Seiten zurück. $(:5)$
	$x = 2$	Eine Kugel entspricht 2 Gewichten.
Probe:	$5 \cdot 2 + 7 = ?\ 17$	richtig
	$L = \{2\}$	

Seite 94

8. a) $L = \left\{\frac{1}{3}\right\}$

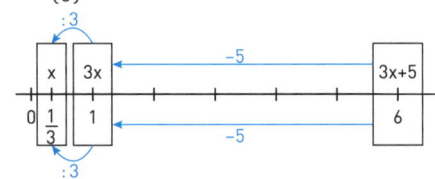

b) $L = \{-3\}$

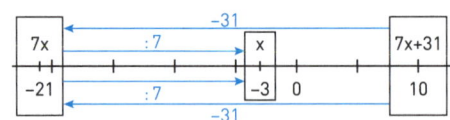

c) $L = \left\{\frac{1}{2}\right\}$

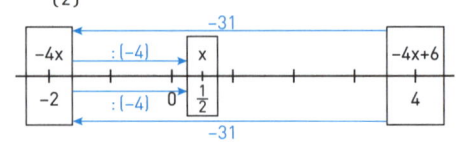

Seite 95

9. a)
$$4x - 7 = 13 \quad |+7$$
$$4x = 20 \quad |:4$$
$$x = 5$$
Probe: $4 \cdot 5 - 7 = 13$
$L = \{5\}$

b)
$$\tfrac{1}{2}x + 3 = 5 \quad |-3$$
$$\tfrac{1}{2}x = 2 \quad |\cdot 2$$
$$x = 4$$
Probe: $\tfrac{1}{2} \cdot 4 + 3 = 5$
$L = \{4\}$

c)
$$7x + 5 = 26 \quad |-5$$
$$7x = 21 \quad |:7$$
$$x = 3$$
Probe: $7 \cdot 3 + 5 = 26$
$L = \{4\}$

10. a)
$2x + 7 = 12 \quad |-7$
$2x = 5 \quad |:2$
$x = \frac{5}{2}$
Probe: $2 \cdot \frac{5}{2} + 7 = 12$
$L = \left\{\frac{5}{2}\right\}$

c)
$6x + 12 = 27 \quad |-12$
$6x = 15 \quad |:6$
$x = \frac{5}{2}$
Probe: $6 \cdot \frac{5}{2} + 12 = 27$
$L = \left\{\frac{5}{2}\right\}$

b)
$4x - 5 = -4 \quad |+5$
$4x = 1 \quad |:4$
$x = \frac{1}{4}$
Probe: $4 \cdot \frac{1}{4} - 5 = -4$
$L = \left\{\frac{1}{4}\right\}$

d)
$3x + 8 = 2 \quad |-8$
$3x = -6 \quad |:3$
$x = -2$
Probe: $3 \cdot (-2) + 8 = 2$
$L = \{-2\}$

11.
$x + 3 = 6 \Leftrightarrow 3x + 9 = 18;$
$x - 4 = 7 \Leftrightarrow x = 11;$
$2x - 7 = 5 \Leftrightarrow 2x = 12$
$4x - 2 = 3 \Leftrightarrow x = 5$

12.

Lisa
$3x + 7 = 10 \quad |-7$
$3x = 3$
$x = 1$

Bilal
$4x - 3 = 6 \quad |+3$
$4x = 9$
$x = \frac{9}{4}$

Aileen
$2x + 5 = 6 \quad |-5$
$2x = 1 \quad |:2$
$x = \frac{1}{2}$

Seite 96

13. a)

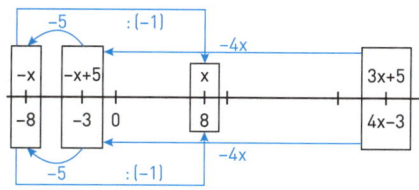	$5x + 6 = 3x + 10$	Nimm auf beiden Seiten 3 Unbekannte weg. $(-3x)$
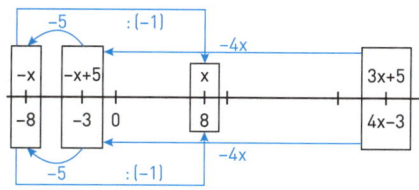	$2x + 6 = 10$	Nimm auf beiden Seiten 6 Gewichte weg. (-6)
	$2x = 4$	Nimm auf beiden Seiten die Hälfte weg. $(:2)$
	$x = 2$	Eine Unbekannte entspricht 2 Gewichten.
Probe:	$5 \cdot 2 + 6 = 3 \cdot 2 + 10$ $16 = 16$	richtig
	$L = \{2\}$	

b)

	$6x + 3 = x + 8$	Nimm auf beiden Seiten eine Unbekannte weg. $(-x)$
	$5x + 3 = 8$	Nimm auf beiden Seiten 3 Gewichte weg. (-3)
	$5x = 5$	Lass $\frac{1}{5}$ auf jeder Seite zurück $(:5)$
	$x = 1$	Eine Unbekannte entspricht einem Gewicht.
Probe:	$6 \cdot 1 + 3 = 1 + 8$ $9 = 9$	richtig
	$L = \{1\}$	

14. a)

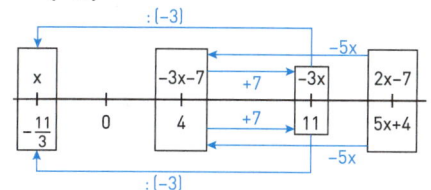	$7x + 1 = 3x + 9$	Nimm auf jeder Seite 3 Unbekannte weg. $(-3x)$
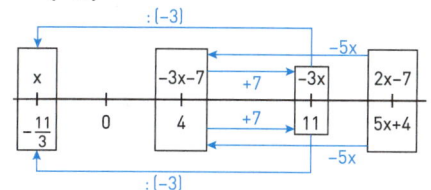	$4x + 1 = 9$	Nimm auf jeder Seite ein Gewicht weg. (-1)
	$4x = 8$	Lass $\frac{1}{4}$ auf jeder Seite zurück. $(:4)$
	$x = 2$	Eine Unbekannte entspricht 2 Gewichten.
Probe:	$7 \cdot 2 + 1 = 3 \cdot 2 + 9$ $15 = 15$	richtig
	$L = \{2\}$	

b)

	$5x + 4 = 2x + 19$	Nimm auf jeder Seite zwei Unbekannte weg. $(-2x)$
	$3x + 4 = 19$	Nimm auf jeder Seite 4 Gewichte weg. (-4)
	$3x = 15$	Lass $\frac{1}{3}$ auf jeder Seite zurück. $(:3)$
	$x = 5$	Eine Unbekannte entspricht 5 Gewichten.
Probe:	$5 \cdot 5 + 4 = 2 \cdot 5 + 19$ $29 = 29$	richtig
	$L = \{5\}$	

Seite 97

15. a) $L = \{8\}$

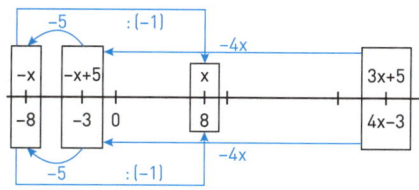

b) $L = \left\{-\frac{11}{3}\right\}$

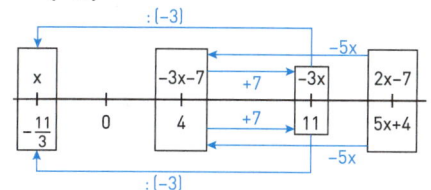

c) $L = \left\{-\frac{9}{2}\right\}$

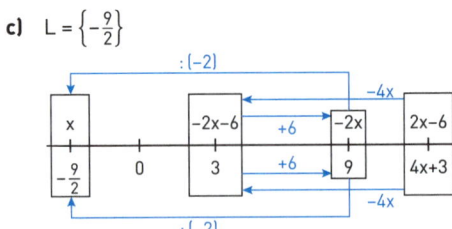

Zusammenfassen von Variablen

16. a) $8x$ **b)** $-4x$ **c)** $-3t$ **d)** $18r$

17. Hier sind verschiedene Lösungen möglich, zum Beispiel:
    a) $4x + 10x$ **b)** $b + 7b$ **c)** $2y + 4y$ **d)** $2z + 14z$

18. a) $9x - 13$ **b)** $-2t - 4$ **c)** $7s - 11$

Gleichungen lösen

Seite 98

19. a)
$$3x + 5 = 4x - 7 \quad | -4x$$
$$-x + 5 = -7 \quad | -5$$
$$-x = -12 \quad | :(-1)$$
$$x = 12$$
$$L = \{12\}$$

c)
$$16x + 27 = 35 + 23x \quad | -23x$$
$$-7x + 27 = 35 \quad | -27$$
$$-7x = 8 \quad | :(-7)$$
$$x = -\frac{8}{7}$$
$$L = \left\{-\frac{8}{7}\right\}$$

b)
$$3x - 7 = 5x + 15 \quad | -5x$$
$$-2x - 7 = 15 \quad | +7$$
$$-2x = 22 \quad | :(-2)$$
$$x = -11$$
$$L = \{-11\}$$

20. a)
$$14x + 24 - 5x + 17 + 2x = 13x - 56 + 4x$$
$$11x + 41 = 17x - 56 \quad | -17x$$
$$-6x + 41 = -56 \quad | -41$$
$$-6x = -97 \quad | :(-6)$$
$$x = \frac{97}{6}$$
$$L = \left\{\frac{97}{6}\right\}$$

b)
$$45x - x + 21 = 32x - 14 - 23$$
$$44x + 21 = 32x - 37 \quad | -32x$$
$$12x + 21 = -37 \quad | -21$$
$$12x = -58 \quad | :12$$
$$x = -\frac{29}{6}$$
$$L = \left\{-\frac{29}{6}\right\}$$

21.
$$2x - 3 = 5x + 7 \quad | +3$$
$$2x = 5x + 10 \quad | -5x$$
$$-3x = 4 \quad | :3$$
$$x = -\frac{4}{3}$$
$$L = \left\{-\frac{4}{3}\right\}$$

$$7x + 5 = 2x - 2 \quad | -2x$$
$$5x + 5 = -2 \quad | -5$$
$$5x = -7 \quad | :5$$
$$x = -\frac{7}{5}$$
$$L = \left\{-\frac{7}{5}\right\}$$

22. a)
$$2 + 3x - 8 = x + 2x - 6$$
$$3x - 6 = 3x - 6$$
$$L = \mathbb{Q}$$

c)
$$9x + x = 11x$$
$$10x = 11x \quad | -10x$$
$$0 = -x \quad | :(-1)$$
$$0 = x$$
$$L = \{0\}$$

b)
$$6x + 12 = 30 - 2x + 6$$
$$6x + 12 = -2x + 36 \quad | +2x$$
$$8x + 12 = 36 \quad | -12$$
$$8x = 24 \quad | :8$$
$$x = 3$$
$$L = \{3\}$$

d)
$$4x - 6x + 11 = 10x + 2 - 12x + 10$$
$$-2x + 11 = -2x + 12 \quad | +2x$$
$$11 = 12$$
$$L = \{\,\}$$
falsche Aussage

23. a) Gesuchte Zahl: x
$$5x + 2 = 2x + 8 \quad | -2x$$
$$3x + 2 = 8 \quad | -2$$
$$3x = 6 \quad | :3$$
$$x = 2$$
Die gesuchte Zahl ist 2.

b) Gesuchte Zahl: x
$$6x - 4 = 20 - 2x \quad | +2x$$
$$8x - 4 = 20 \quad | +4$$
$$8x = 24 \quad | :8$$
$$x = 3$$
Die gesuchte Zahl ist 3.

Anwenden von Gleichungen

Seite 99

24. **(2) Aufstellen und Lösen einer Gleichung:**
x: Anzahl der roten Murmeln
$$x + 5x + 4x = 60$$
$$10x = 60 \quad | :10$$
$$x = 6$$
(3) Bestimmen der Lösungsmenge der Gleichung:
$L = \{6\}$
(4) Probe am Sachverhalt: $x = 6$
$\Rightarrow 6 + 5 \cdot 6 + 4 \cdot 6 = 60$
(5) Ergebnis: Sylvia besitzt 6 rote Murmeln.

25. **(1) Vereinfachtes Beschreiben der Situation:**
Gesamtgewicht: 3 500 g
Mopsi: x   Patschi: $\frac{1}{2}x$ Topsi: $\frac{5}{6}x$
(2) Aufstellen und Lösen einer Gleichung:
$$x + \frac{1}{2}x + \frac{5}{6}x = 3\,500$$
$$\frac{7}{3}x = 3\,500 \quad | \cdot \frac{3}{7}$$
$$x = 1\,500$$
(3) Bestimmen der Lösungsmenge der Gleichung:
$L = \{1\,500\,\text{g}\}$
(4) Probe am Sachverhalt:
Mopsi: 1500 g; Patschi: 750 g; Topsi: 1250 g
1500 g + 750 g + 1250 g = 3 500 g = 3,5 kg. Die Gewichts-
angaben sind für Meerschweinchen realistisch.
(5) Ergebnis: Mopsi wiegt 1500 g, Patschi wiegt 750 g und
Topsi wiegt 1250 g.

26. **(1) Vereinfachtes Beschreiben der Situation:**
Entfernung der Schwebebahn zum Treffpunkt: 8 − x
Entfernung des Busses bis zum Treffpunkt: x
Geschwindigkeit Schwebebahn: $\frac{8}{14}$ km/min $\approx 34\frac{\text{km}}{\text{h}}$
Geschwindigkeit des Busses: $\frac{8}{27}$ km/min $\approx 18\frac{\text{km}}{\text{h}}$
(2) Aufstellen und Lösen einer Gleichung:
Fahrzeit der Schwebebahn bis zum Treffpunkt: $\frac{8-x}{34}$ h
Fahrzeit des Busses bis zum Treffpunkt: $\frac{x}{18}$ h.
$$\frac{x}{18} = \frac{8-x}{34}$$
$$\frac{x}{18} = \frac{8}{34} - \frac{x}{34}$$
$$\frac{x}{18} + \frac{x}{34} = \frac{8}{34}$$
$$\frac{34x + 18x}{612} = \frac{8}{34}$$
$$52x = 144$$
$$x \approx 2,8 \text{ km}$$
(3) Bestimmen der Lösungsmenge der Gleichung:
Schwebebahn und Bus treffen sich, wenn der Bus 2,8 km und
die Schwebebahn 5,2 km gefahren sind. Das ist nach
$\frac{2,8}{18}$ min $\approx \frac{5,2}{34}$ min $\approx 0,16$ h $\approx 9,3$ min der Fall.
(4) Probe im Sachverhalt: siehe 3.
(5) Ergebnis: Nach 9 Minuten und ca. 20 Sekunden und
2,8 km vom Hbf. entfernt treffen sich Bus und Schwebebahn.

Klassenarbeit 7.1

Seite 100/101

1. Aufstellen einer Gleichung für die gesuchte Zahl
Platzhalter für die Zahl: x   (1 Punkt)
1. Gesuchte Zahl mit sich selbst multipliziert: x^2 (1 Punkt)
2. Gesuchte Zahl mit 7 multipliziert: 7x
und 12 subtrahiert: $7x - 12$ (1 Punkt)
Also erhält man als Gleichung: $x^2 = 7x - 12$ (1 Punkt)

Einsetzun-gen für x	x^2	$7x - 12$	$x^2 = 7x - 12$	Gleichung ist eine	Kom-mentar
0	0	−12	0 ≠ −12	f. A.	Für Werte > 4 und < 3 ist die linke Seite immer größer.
1	1	−5	1 ≠ 5	f. A.	
2	4	16	4 ≠ 16	f. A.	
3	**9**	**9**	**9 = 9**	**wahre A.**	
4	**16**	**16**	**16 = 16**	**wahre A.**	
5	25	23	25 ≠ 23	f. A.	
6	36	30	36 ≠ 30	f. A.	
7	49	37	49 ≠ 37	f. A.	

(1 Punkt + 8-mal je 0,5 Punkte)
$L = \{3, 4\}$ (1 Punkte)

2. a) $54x - 1$ **b)** $-3y + 13$ **c)** $6t$ (je 1 Punkt)

3. a) $3x + 6 = 21 \quad |-6$
$\qquad 3x = 15 \quad |:3$
$\qquad x = 5$
$\qquad L = \{5\}$ (3 Punkte)

c) $3,2a + 16 = 32a \quad |-3,2a$
$\qquad 16 = 28,8a \quad |:28,8$
$\qquad \frac{5}{9} = a$
$\qquad L = \left\{\frac{5}{9}\right\}$ (3 Punkte)

b) $-12x - 23 = -83 \quad |+23$
$\qquad -12x = -60 \quad |:(-12)$
$\qquad x = 5$
$\qquad L = \{5\}$ (3 Punkte)

d) $50 - 7b = 29 \quad |-50$
$\qquad -7b = -21 \quad |:(-7)$
$\qquad b = 3$
$\qquad L = \{3\}$ (3 Punkte)

4. a) $a = c + 3; \ b = 2a = 2(c + 3)$
$V = a \cdot b \cdot c = (c + 3) \cdot 2(c + 3) \cdot c$ (3 Punkte)

b) $V = 9\,cm \cdot 18\,cm \cdot 6\,cm$
$V = 972\,cm^3$ (2 Punkte)

5. a) 15 €   **b)** 19,125 m   **c)** 12,6 dm   (je 1 Punkt)

Zum Nacharbeiten				
Aufgabe	1	2	3	4	5
Schulbuch, Seite	241 f.	251 f.	252 f.	244 ff.	62

Klassenarbeit 7.2

Seite 102/103

1. Eine (Balken-)waage ist nur im Gleichgewicht, wenn in beiden Waagschalen das gleiche Gewicht liegt.
Auch ein Gleichheitszeichen drückt aus, dass auf beiden Seiten das gleiche steht.
Wird auf der einen Seite der Waage ein Gewicht oder ein Unbekannte entfernt, muss man es auf der anderen Seite auch entfernen, damit die Waage im Gleichgewicht bleibt.
Genauso muss man bei einer Gleichung auf beiden Seiten addieren/subtrahieren oder multiplizieren/dividieren.
Brüche kann man mit der Waage nicht mehr darstellen, da es keine halben/Drittel usw. Gewichte gibt. Es können auch keine "negativen Gewichte" dargestellt werden.   (je 1 Punkt)

2. a) $3x - 5 = 3x + 6 \quad |-3x$
$\qquad -5 = 6$
$\qquad L = \{ \ \}$ (2 Punkte)

d) $2x + x + 7 = 4x - x + 9 - 2$
$\qquad 3x + 7 = 3x + 7 \quad |-3x$
$\qquad 7 = 7$
$\qquad L = \mathbb{Q}$ (3 Punkte)

b) $8x + 13 - 6 = 15$
$\qquad 8x + 7 = 15 \quad |-7$
$\qquad 8x = 8 \quad |:8$
$\qquad x = 1$
$\qquad L = \{1\}$ (4 Punkte)

e) $2z + 1,5 - 3z = -3z + 1,5$
$\qquad -z + 1,5 = -3z + 1,5 \quad |+z$
$\qquad 1,5 = -2z + 1,5 \quad |-1,5$
$\qquad 0 = -2z \quad |:(-2)$
$\qquad 0 = z$
$\qquad L = \{0\}$ (5 Punkte)

c) $2,3x = 12 + 5x - 5$
$\qquad 2,3x = 7 + 5x \quad |-5x$
$\qquad -2,7x = 7 \quad |:(-2,7)$
$\qquad x = -\frac{70}{27}$
$\qquad L = \left\{-\frac{70}{27}\right\}$ (4 Punkte)

f) $\frac{2}{3}a + 5 = \frac{5}{6} - 1$
$\qquad \frac{2}{3}a + 5 = -\frac{1}{6} \quad |-5$
$\qquad \frac{2}{3}a = -\frac{31}{6} \quad |:\frac{2}{3}$
$\qquad a = -\frac{31}{4}$
$\qquad L = \left\{-\frac{31}{4}\right\}$ (4 Punkte)

3. a) Gesuchte Zahl: x
$\qquad 5x + 11 = 51 \quad |-11$
$\qquad 5x = 40 \quad |:5$
$\qquad x = 8$
Die gesuchte Zahl ist 8.   (4 Punkte)

b) Fatima: x; Sarah: x + 5
$\qquad x + x + 5 = 21$
$\qquad 2x + 5 = 21 \quad |-5$
$\qquad 2x = 16$
$\qquad x = 8$
Fatima ist 8 und Sarah ist 13 Jahre alt.   (6 Punkte)

4. A und 3; B und 2; C und 1   (je 1 Punkt)

5. (1) **Situation: Umfang eines Dreiecks:**
$a + b + c = U, \ U = 37,8\,cm$
mittlere Seite: x
längste Seite: $x + 4,3\,cm$
kürzeste Seite: $x - 3,1\,cm$ (1 Punkt)
(2) **Aufstellen und Lösen einer Gleichung:**
$x + 4,3 + x + x - 3,1 = 37,8$
$\qquad 1,2 + 3x = 37,8 \quad |-1,2$
$\qquad 3x = 36,6 \quad |:3$
$\qquad x = 12,2$ (2 Punkte)

(3) **Probe:**
$12,2\,cm + 4,3\,cm + 12,2\,cm + 12,2\,cm - 3,1\,cm = 37,8\,cm$ (1 Punkt)

(4) **Ergebnis:**
Die mittlere Dreiecksseite ist 12,2 cm lang, die längste 16,5 cm und die kürzeste 9,1 cm.   (1 Punkt)

6. a) $1200 - 13 - 50 - 30 = 1107$

b) $\frac{13}{1200} \approx 0,01083 \approx 1,1\%; \quad \frac{50}{1200} \approx 0,04167 \approx 4,2\%$
$\frac{30}{1200} \approx 0,025 = 2,5\%$ (2 Punkt)

Zum Nacharbeiten					
Aufgabe	1	2	3	4	5	6
Schulbuch, Seite	247	248, 255 f.	258 ff.	241, 245	258 ff.	59

Klassenarbeit 7. 3

Seite 104/105

1. a) $2x + 6 - 3x + 6 = -x + 12$ (2 Punkte)
b) $5x - 2(4x + 0,5) + 3x = 5x - 8x - 1 + 3x = -1$ (2 Punkte)
c) $7a + 4 - a + 6 = 6a + 10$ (1 Punkt)

2. a) $3x + 5 = 11$ **b)** $x - 2,5 = 2 \cdot \frac{5}{4}$ **c)** $20 - 4x = 4$
$\quad\quad 3x = 6$ $\quad\quad\quad x - 2,5 = 2,5$ $\quad\quad\quad -4x = -16$
$\quad\quad\; x = 2$ $\quad\quad\quad\quad\quad x = 5$ $\quad\quad\quad\quad\; x = 4$
$\hspace{10cm}$ (je 2 Punkte)

3. a) $-8x + 16 - 5x = x - 11x + 40 + 5x$
$\quad\quad\quad -13x + 16 = -5x + 40 \quad\quad\; | +5x$
$\quad\quad\quad\quad -8x + 16 = 40 \quad\quad\quad\quad | -16$
$\quad\quad\quad\quad\quad -8x = 24 \quad\quad\quad\quad\; | : (-8)$
$\quad\quad\quad\quad\quad\quad x = -3$
$\quad\quad$ (Fehler gefunden: 1 Punkt, neue Rechnung: 2 Punkte)

b) Alex ist zu Unrecht sauer, er hat zwei Fehler gemacht:
$\quad 6x - x = 5x$ und $-15 : (-5) = 3$.
Durch seinen zweiten Fehler hebt sich der erste wieder
auf. Deshalb stimmt die Probe. $\quad\quad\quad\quad$ (3 Punkte)

4. a) $3x + 6 = 11x - 18 \;\; | -11x$ **c)** $7x = 4x + 3x$
$\quad\quad\; -8x + 6 = -18 \quad\quad\; | -6$ $\quad\quad\quad\; 7x = 7x$
$\quad\quad\quad\; -8x = -24 \quad\quad\; | : (-8)$ $\quad\quad\quad\; L = \mathbb{Q}$ $\quad\quad$ (2 Punkte)
$\quad\quad\quad\quad\; x = 3$
$\quad\quad\quad\quad\; L = \{3\}$ (4 Punkte)

b) $5x = 8x - 3x + 7$
$\quad 5x = 5x + 7 \;\; | -5x$
$\quad 0 = 7$
$\quad L = \{\;\}$ $\quad\quad$ (3 Punkte)

5. Gesuchte Zahl: x
Marie: $2x + 5 = 10 \;\; | -5$ $\quad\quad$ Mailin: $\frac{1}{2} \cdot x \cdot 10 - x = 10$
$\quad\quad\quad\; 2x = 5 \;\; | : 2,5$ $\quad\quad\quad\quad\quad\quad\quad 5x - x = 10$
$\quad\quad\quad\quad x = 2,5$ $\quad\quad\quad\quad\quad\quad\quad\quad\; 4x = 10 \;\; | : 4$
$\quad\quad\quad\quad$ (3 Punkte) $\quad\quad\quad\quad\quad\quad\quad\quad x = 2,5$
$\hspace{11cm}$ (4 Punkte)
Mailin hat recht. $\quad\quad\quad\quad\quad\quad\quad\quad\quad\quad\quad$ (1 Punkt)

6. (1) Situation:
Päckchen wird mit $2 \cdot$ Länge, $2 \cdot$ Breite, $4 \cdot$ Höhe verschnürt.
Dafür gibt es $3,30\,m - 0,1\,m = 3,2\,m$ Band.
Länge: $30\,cm$; Breite: $40\,cm$; Höhe: x $\quad\quad\quad$ (1 Punkt)

(2) Aufstellen und Lösen einer Gleichung:
$2 \cdot 30 + 2 \cdot 40 + 4x = 320$
$\quad\quad\quad\; 140 + 4x = 320 \;\; | -140$
$\quad\quad\quad\quad\quad\; 4x = 180 \;\; | : 4$
$\quad\quad\quad\quad\quad\quad x = 45$ $\quad\quad\quad\quad$ (2 Punkte)

(3) Probe:
$2 \cdot 30\,cm + 2 \cdot 40\,cm + 4 \cdot 45\,cm + 10\,cm$
$= 330\,cm = 3,3\,m$ $\quad\quad\quad\quad\quad\quad$ (1 Punkt)

(4) Ergebnis:
Das Päckchen hat eine Höhe von $45\,cm$. $\quad\quad$ (1 Punkt)

Zum Nacharbeiten						
Aufgabe	1	2	3	4	5	6
Schulbuch, Seite	252 f.	244 f., 251	247 f.	247 f.	258 ff.	258 ff.